한솔 완벽한 연산

수학은 마라톤입니다.
지금 여러분은 출발 지점에 서 있습니다.
초등학교 저학년 때는
수학 마라톤을 잘 하기 위해
기초 체력을 튼튼히 길러야 합니다.

한솔 완벽한 연산으로 시작하세요.
마라톤을 잘 뛸 수 있는 완벽한 연산 실력을 키워줍니다.

왜 완벽한 연산인가요?

기초 연산은 물론, 학교 연산까지 이 책 시리즈 하나면 완벽하게 끝나기 때문입니다. '한솔 완벽한 연산'은 하루 8쪽씩, 5일 동안 4주분을 학습하고, 마지막 주에는 학교 시험에 완벽하게 대비할 수 있도록 '연산 UP' 16쪽을 추가로 제공합니다.

매일 꾸준한 연습으로 연산 실력을 키우기에 충분한 학습량입니다.

'한솔 완벽한 연산' 하나면 기초 연산도 학교 연산도 완벽하게 대비할 수 있습니다.

 몇 단계로 구성되고, 몇 학년이 풀 수 있나요?

모두 6단계로 구성되어 있습니다.

'한솔 완벽한 연산'은 한 단계가 1개 학년이 아닙니다. 연산의 기초 훈련이 가장 필요한 시기인 초등 2~3학년에 집중하여 여러 단계로 구성하였습니다.

이 시기에는 수학의 기초 체력을 튼튼히 길러야 하니까요.

단계	권장 학년	학습 내용
MA	6~7세	100까지의 수, 더하기와 빼기
MB	초등 1~2학년	한 자리 수의 덧셈, 두 자리 수의 덧셈
MC	초등 1~2학년	두 자리 수의 덧셈과 뺄셈
MD	초등 2~3학년	두·세 자리 수의 덧셈과 뺄셈
ME	초등 2~3학년	곱셈구구, (두·세 자리 수)×(한 자리 수), (두·세 자리 수)÷(한 자리 수)
MF	초등 3~4학년	(두·세 자리 수)×(두 자리 수), (두·세 자리 수)÷(두 자리 수), 분수·소수의 덧셈과 뺄셈

❓ 책 한 권은 어떻게 구성되어 있나요?

✏️ 책 한 권은 모두 4주 학습으로 구성되어 있습니다.
한 주는 모두 40쪽으로 하루에 8쪽씩, 5일 동안 푸는 것을 권장합니다.
마지막 5주차에는 학교 시험에 대비할 수 있는 '연산 UP'을 학습합니다.

❓ '한솔 완벽한 연산'도 매일매일 풀어야 하나요?

✏️ 물론입니다. 매일매일 규칙적으로 연습을 해야 연산 능력이 향상되기 때문입니다.
월요일부터 금요일까지 매일 8쪽씩, 4주 동안 규칙적으로 풀고, 마지막 주에
'연산 UP' 16쪽을 다 풀면 한 권 학습이 끝납니다.
매일매일 푸는 습관이 잡히면 개인 진도에 따라 두 달에 3권을 푸는 것도 가능
합니다.

❓ 하루 8쪽씩이라구요? 너무 많은 양 아닌가요?

✏️ '한솔 완벽한 연산'은 술술 풀면서 잘 넘어가는 학습지입니다.
공부하는 학생 입장에서는 빡빡한 문제를 4쪽 푸는 것보다 술술 넘어가는 문제를
8쪽 푸는 것이 훨씬 큰 성취감을 느낄 수 있습니다.
'한솔 완벽한 연산'은 학생의 연령을 고려해 쪽당 학습량을 전략적으로 구성했습니
다. 그래서 학생이 부담을 덜 느끼면서 효과적으로 학습할 수 있습니다.

학교 진도와 맞추려면 어떻게 공부해야 하나요?

 이 책은 한 권을 한 달 동안 푸는 것을 권장합니다.
각 단계별 학교 진도는 다음과 같습니다.

단계	MA	MB	MC	MD	ME	MF
권 수	8권	5권	7권	7권	7권	7권
학교 진도	초등 이전	초등 1학년	초등 2학년	초등 3학년	초등 3학년	초등 4학년

초등학교 1학년이 3월에 MB 단계부터 매달 1권씩 꾸준히 푼다고 한다면 2학년이 시작될 때 MD 단계를 풀게 되고, 3학년 때 MF 단계(4학년 과정)까지 마무리할 수 있습니다.

이 책 시리즈로 꼼꼼히 학습하게 되면 일반 방문학습지 못지 않게 충분한 연산 실력을 쌓게 되고 조금씩 다음 학년 진도까지 학습할 수 있다는 장점이 있습니다.

매일 꾸준히 성실하게 학습한다면 학년 구분 없이 원하는 진도를 스스로 계획하고 진행해 나갈 수 있습니다.

'연산 UP'은 어떻게 공부해야 하나요?

'연산 UP'은 4주 동안 훈련한 연산 능력을 확인하는 과정이자 학교에서 흔히 접하는 계산 유형 문제까지 접할 수 있는 코너입니다.
'연산 UP'의 구성은 다음과 같습니다.

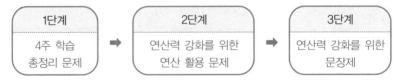

1단계	2단계	3단계
4주 학습 총정리 문제	연산력 강화를 위한 연산 활용 문제	연산력 강화를 위한 문장제

'연산 UP'은 모두 16쪽으로 구성되었으므로 하루 8쪽씩 2일 동안 학습하고, 다음 단계로 진행할 것을 권장합니다.

MA 6~7세

권	제목		주차별 학습 내용
1	20까지의 수 1	1주	5까지의 수 (1)
		2주	5까지의 수 (2)
		3주	5까지의 수 (3)
		4주	10까지의 수
2	20까지의 수 2	1주	10까지의 수 (1)
		2주	10까지의 수 (2)
		3주	20까지의 수 (1)
		4주	20까지의 수 (2)
3	20까지의 수 3	1주	20까지의 수 (1)
		2주	20까지의 수 (2)
		3주	20까지의 수 (3)
		4주	20까지의 수 (4)
4	50까지의 수	1주	50까지의 수 (1)
		2주	50까지의 수 (2)
		3주	50까지의 수 (3)
		4주	50까지의 수 (4)
5	1000까지의 수	1주	100까지의 수 (1)
		2주	100까지의 수 (2)
		3주	100까지의 수 (3)
		4주	1000까지의 수
6	수 가르기와 모으기	1주	수 가르기 (1)
		2주	수 가르기 (2)
		3주	수 모으기 (1)
		4주	수 모으기 (2)
7	덧셈의 기초	1주	상황 속 덧셈
		2주	더하기 1
		3주	더하기 2
		4주	더하기 3
8	뺄셈의 기초	1주	상황 속 뺄셈
		2주	빼기 1
		3주	빼기 2
		4주	빼기 3

MB 초등 1·2학년 ①

권	제목		주차별 학습 내용
1	덧셈 1	1주	받아올림이 없는 (한 자리 수)+(한 자리 수) (1)
		2주	받아올림이 없는 (한 자리 수)+(한 자리 수) (2)
		3주	받아올림이 없는 (한 자리 수)+(한 자리 수) (3)
		4주	받아올림이 없는 (두 자리 수)+(한 자리 수)
2	덧셈 2	1주	받아올림이 없는 (두 자리 수)+(한 자리 수)
		2주	받아올림이 있는 (한 자리 수)+(한 자리 수) (1)
		3주	받아올림이 있는 (한 자리 수)+(한 자리 수) (2)
		4주	받아올림이 있는 (한 자리 수)+(한 자리 수) (3)
3	뺄셈 1	1주	(한 자리 수)-(한 자리 수) (1)
		2주	(한 자리 수)-(한 자리 수) (2)
		3주	(한 자리 수)-(한 자리 수) (3)
		4주	받아내림이 없는 (두 자리 수)-(한 자리 수)
4	뺄셈 2	1주	받아내림이 없는 (두 자리 수)-(한 자리 수)
		2주	받아내림이 있는 (두 자리 수)-(한 자리 수) (1)
		3주	받아내림이 있는 (두 자리 수)-(한 자리 수) (2)
		4주	받아내림이 있는 (두 자리 수)-(한 자리 수) (3)
5	덧셈과 뺄셈의 완성	1주	(한 자리 수)+(한 자리 수), (한 자리 수)-(한 자리 수)
		2주	세 수의 덧셈, 세 수의 뺄셈 (1)
		3주	(한 자리 수)+(한 자리 수), (한 자리 수)-(한 자리 수)
		4주	세 수의 덧셈, 세 수의 뺄셈 (2)

초등 1 · 2학년 ②   **초등 2 · 3학년 ①**

주별 학습 내용 MA단계 **6**권

수 가르기 (1)

1주차

요일	교재 번호	학습한 날짜		확인
1일차(월)	01~08	월	일	
2일차(화)	09~16	월	일	
3일차(수)	17~24	월	일	
4일차(목)	25~32	월	일	
5일차(금)	33~40	월	일	

● 두 수로 갈라 빈 곳에 ◯를 그리세요.

(1)

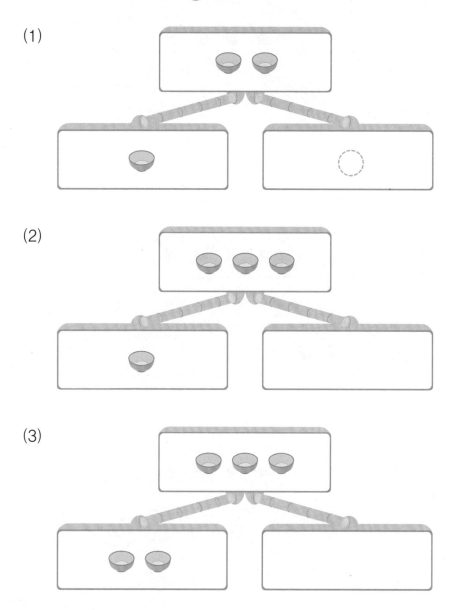

(2)

(3)

● 두 수로 갈라 빈 곳에 ◯를 그리세요.

(1)

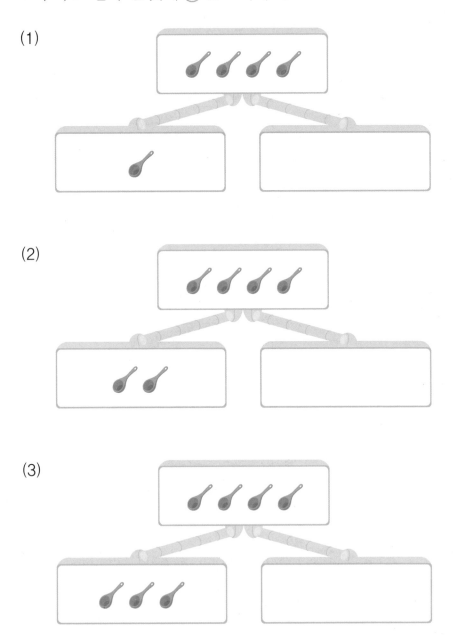

(2)

(3)

● 두 수로 갈라 빈 곳에 ◯를 그리세요.

(1)

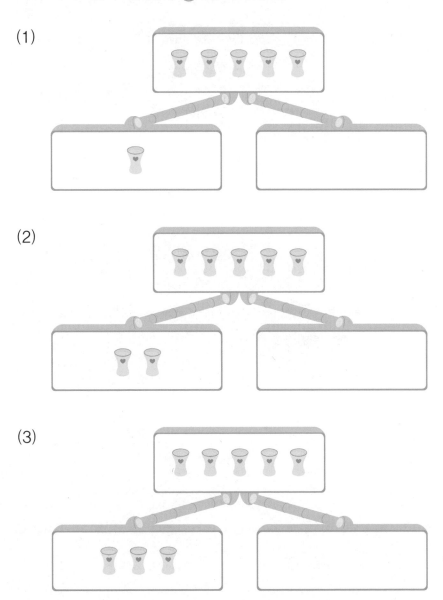

(2)

(3)

● 두 수로 갈라 빈 곳에 ◯를 그리세요.

(1)

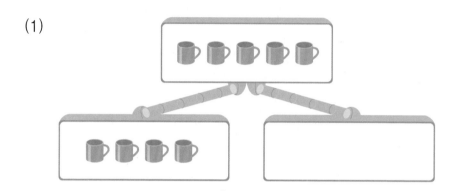

(2)

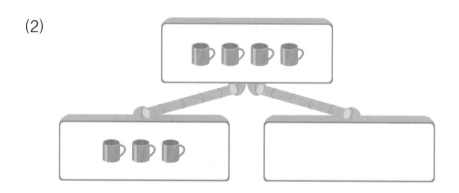

(3)

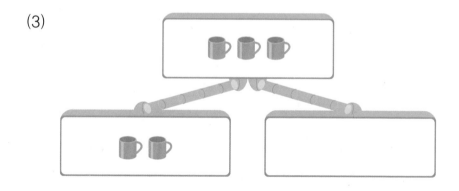

● 두 수로 갈라 빈 곳에 ☆을 그리세요.

(1)

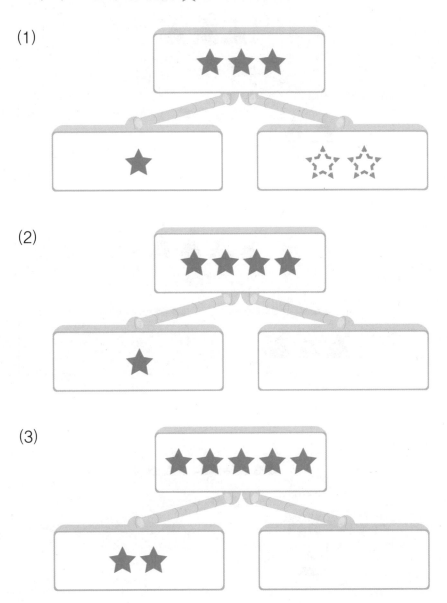

(2)

(3)

● 두 수로 갈라 빈 곳에 △를 그리세요.

(1)

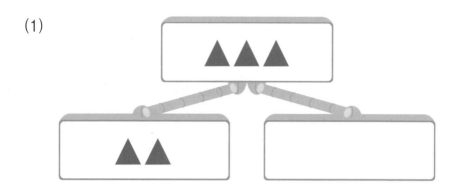

(2)

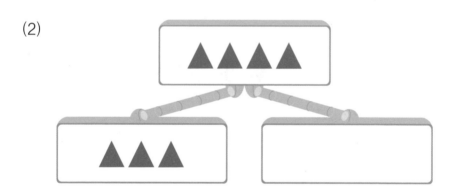

(3)

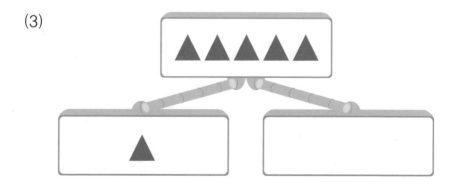

● 두 수로 갈라 빈 곳에 ☐를 그리세요.

(1)

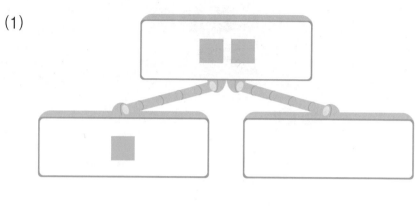

(2)

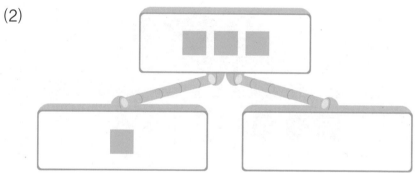

(3)

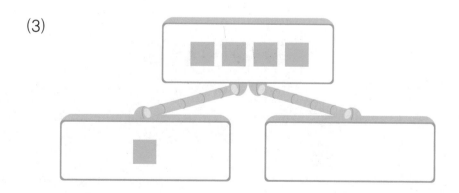

● 두 수로 갈라 빈 곳에 ◯를 그리세요.

(1)

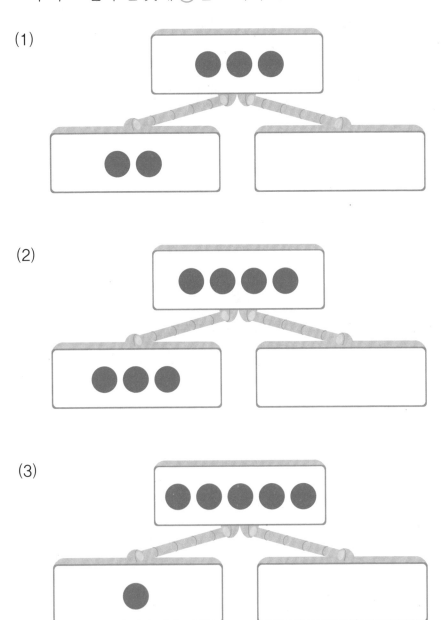

(2)

(3)

● 두 수로 갈라 빈 곳에 ◯를 그리고, ☐ 안에 알맞은 수를 쓰세요.

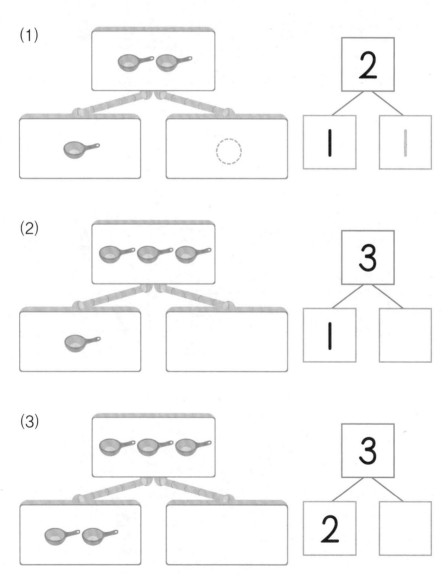

● 두 수로 갈라 빈 곳에 ◯를 그리고, ☐ 안에 알맞은 수를 쓰세요.

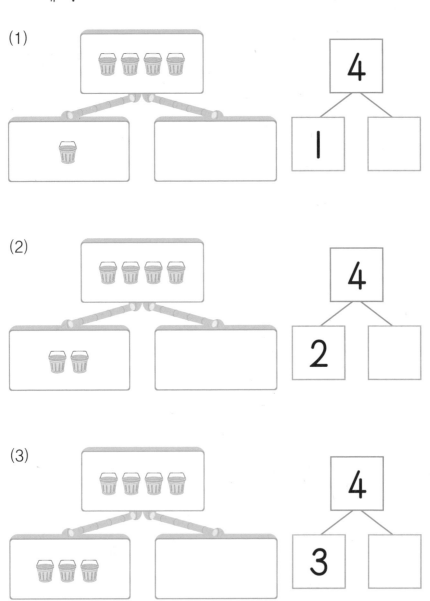

(1)

(2)

(3)

MA01 수 가르기 (1)

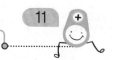

● 두 수로 갈라 빈 곳에 ◯를 그리고, ☐ 안에 알맞은 수를 쓰세요.

(1)

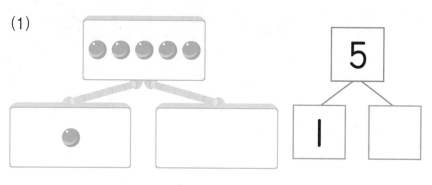

(2)

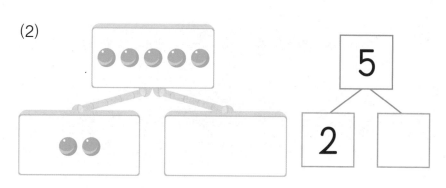

(3)

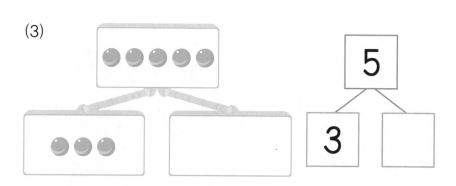

● 두 수로 갈라 빈 곳에 ◯를 그리고, ▢ 안에 알맞은 수를 쓰세요.

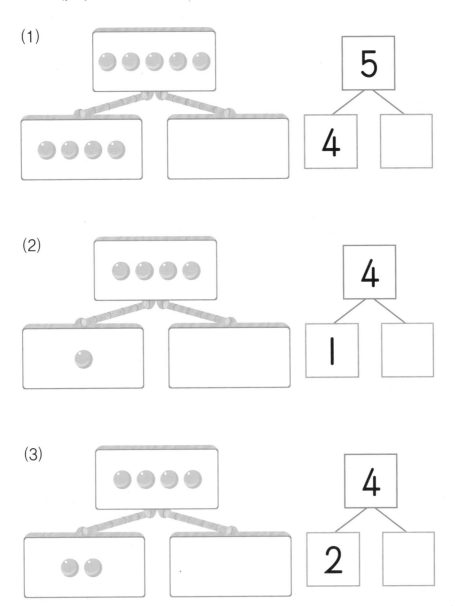

(1)

(2)

(3)

● 두 수로 갈라 보세요.

(1)

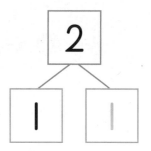

(2)

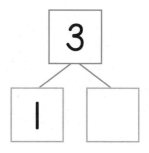

(3)

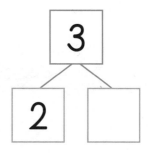

● 두 수로 갈라 보세요.

(1)

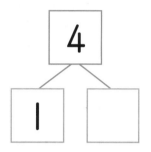

4
1

(2)

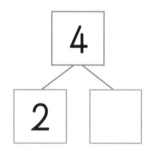

4
2

(3)

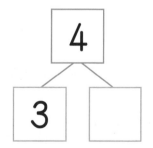

4
3

MA01 수 가르기 (1)

● 두 수로 갈라 보세요.

(1)

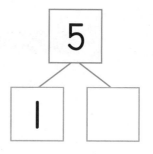

(2)

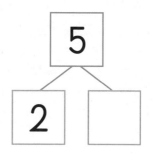

(3)

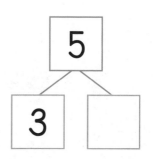

● 두 수로 갈라 보세요.

(1)

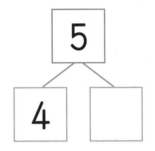

(2)

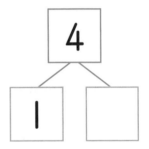

(3)

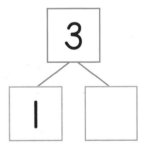

MA01 수 가르기 (1)

● 두 수로 갈라 빈 곳에 ◯를 그리세요.

(1)

(2)

(3)

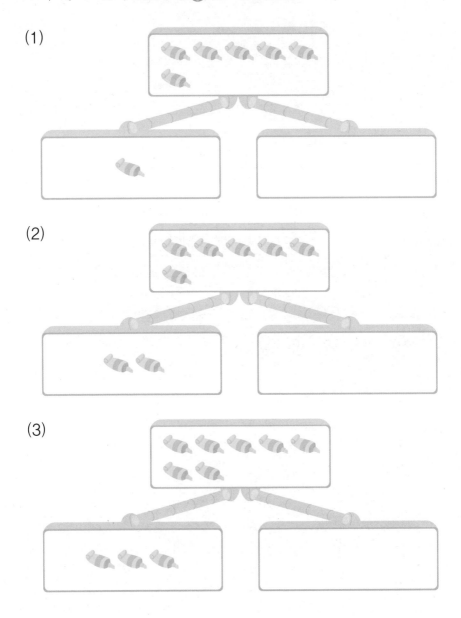

● 두 수로 갈라 빈 곳에 ◯를 그리세요.

(1)

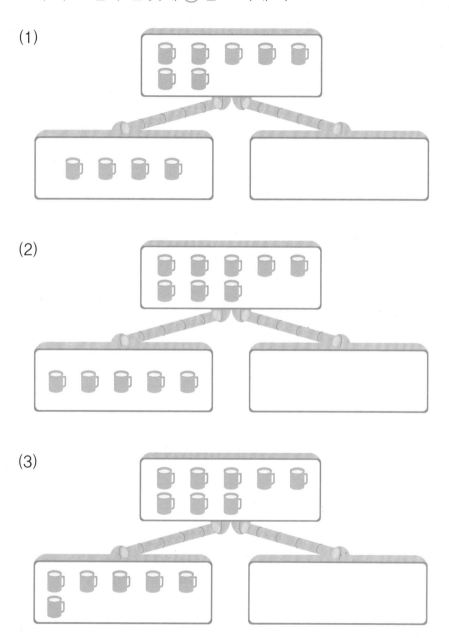

(2)

(3)

MA01 수 가르기 (1)

● 두 수로 갈라 빈 곳에 ◯를 그리세요.

(1)

(2)

(3)

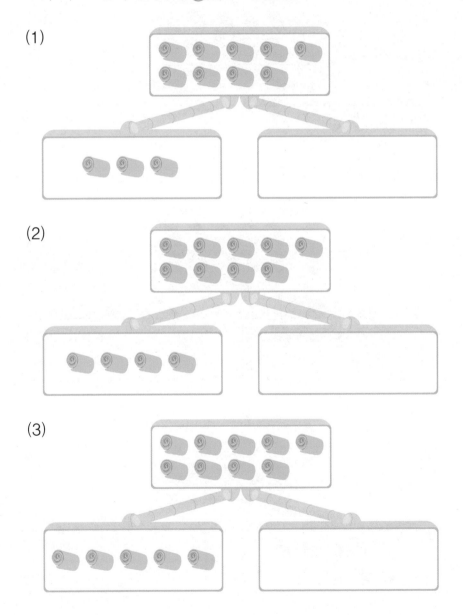

● 두 수로 갈라 빈 곳에 ◯를 그리세요.

(1)

(2)

(3)

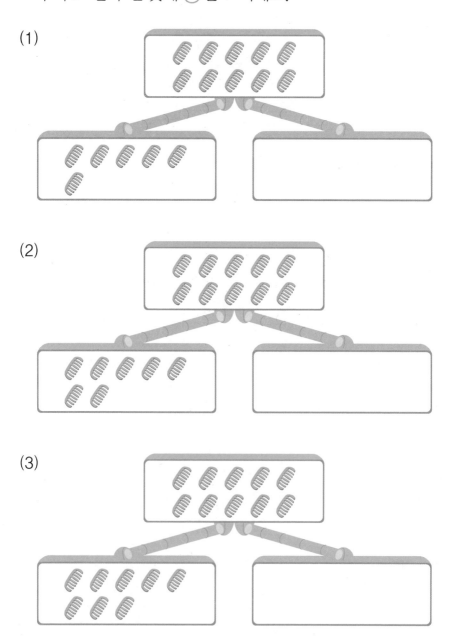

MA01 수 가르기 (1)

● 두 수로 갈라 빈 곳에 ☆을 그리세요.

(1)

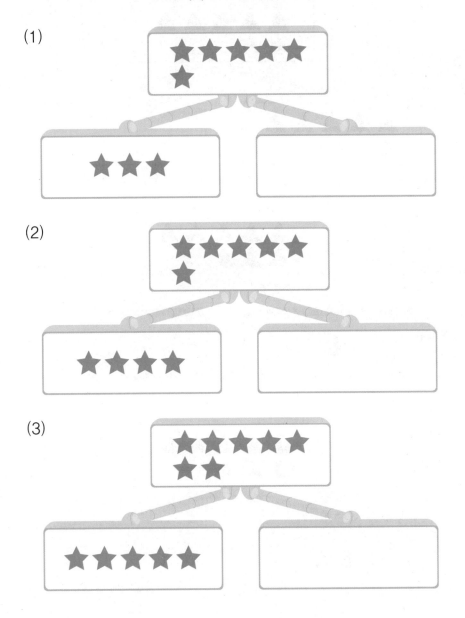

(2)

(3)

● 두 수로 갈라 빈 곳에 △를 그리세요.

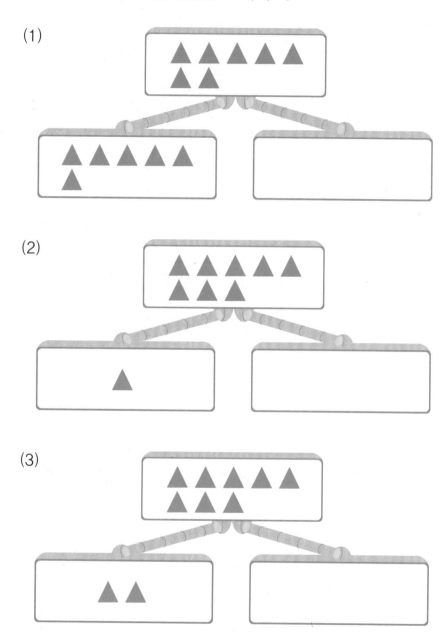

(1)

(2)

(3)

MA01 수 가르기 (1)

● 두 수로 갈라 빈 곳에 ☐를 그리세요.

(1)

(2)

(3)

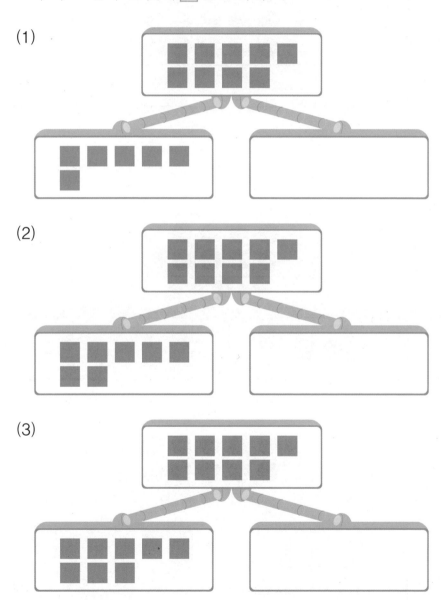

● 두 수로 갈라 빈 곳에 ◯를 그리세요.

(1)

(2)

(3)

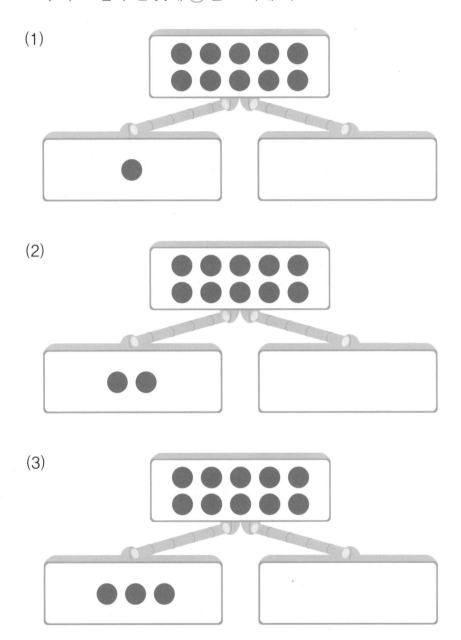

MA01 수 가르기 (1)

● 두 수로 갈라 빈 곳에 ◯를 그리고, ☐ 안에 알맞은 수를 쓰세요.

(1)

(2)

(3)

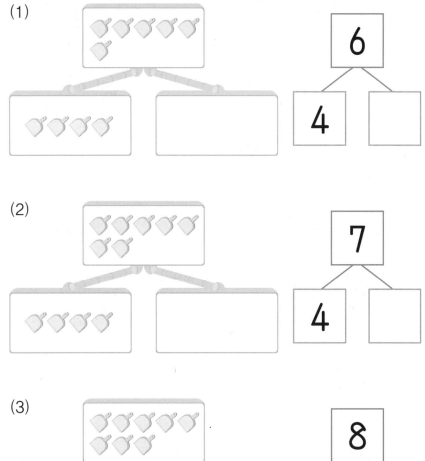

● 두 수로 갈라 빈 곳에 ◯를 그리고, ☐ 안에 알맞은 수를
쓰세요.

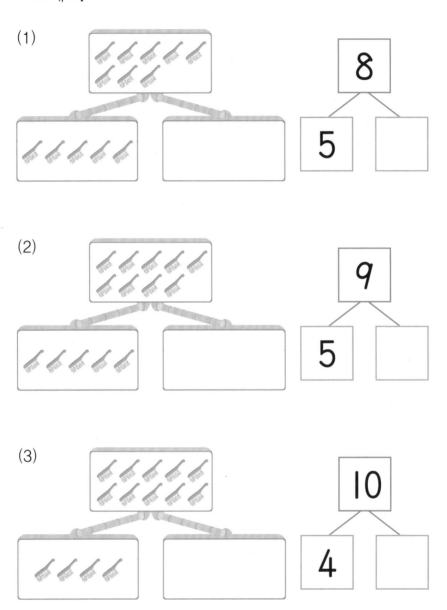

(1)

8
5

(2)

9
5

(3)

10
4

MA01 수 가르기 (1)

● 두 수로 갈라 빈 곳에 ◯를 그리고, ▢ 안에 알맞은 수를 쓰세요.

(1)

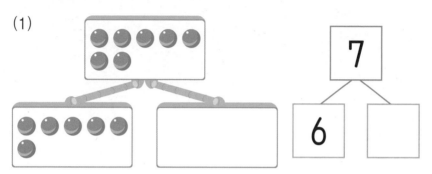

(2)

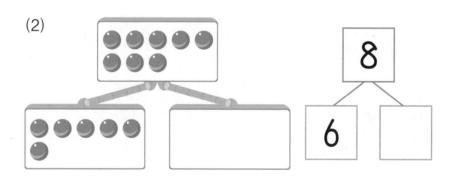

(3)

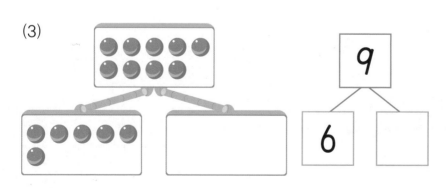

● 두 수로 갈라 빈 곳에 ◯를 그리고, ▢ 안에 알맞은 수를 쓰세요.

(1)

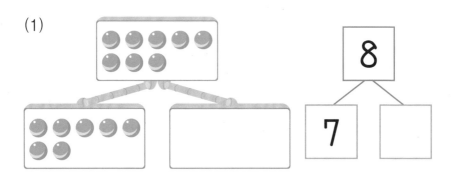

(2)

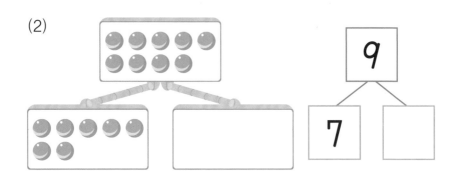

(3)

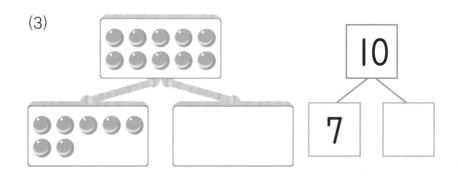

MA01 수 가르기 (1)

● 두 수로 갈라 보세요.

(1)

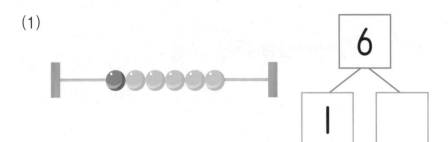

(2)

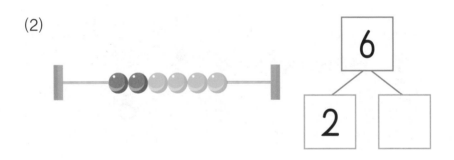

(3)

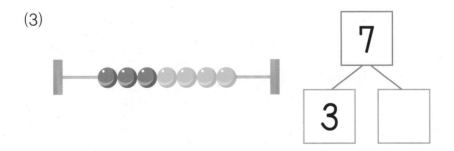

● 두 수로 갈라 보세요.

(1)

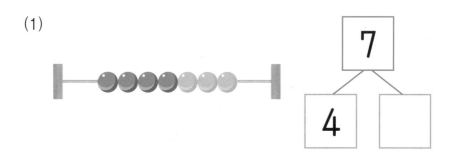

7

4

(2)

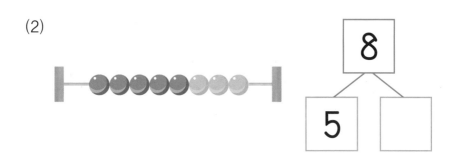

8

5

(3)

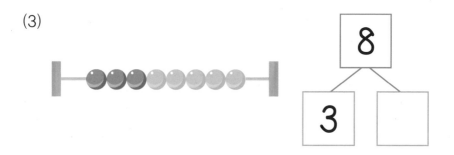

8

3

● 두 수로 갈라 보세요.

(1)

(2)

(3)

● 두 수로 갈라 보세요.

(1)

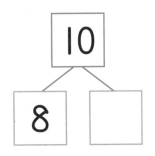

(2)

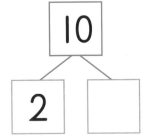

(3)

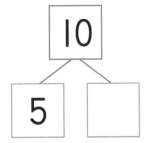

MA01 수 가르기 (1)

● 두 수로 갈라 보세요.

(1)

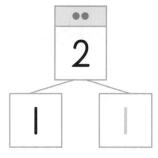

(2)

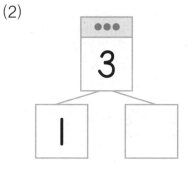

(3)

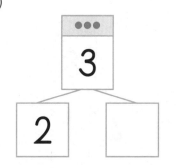

(4)

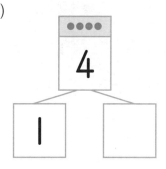

(5)

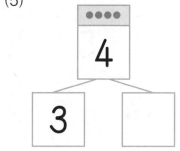

(6)

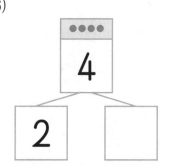

● 두 수로 갈라 보세요.

(1)

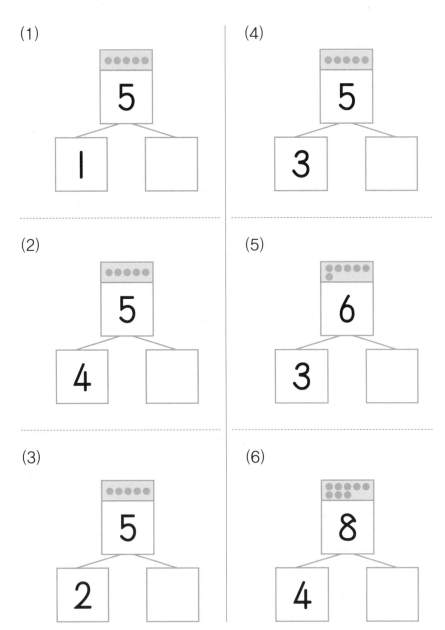

5

1

(4)

5

3

(2)

5

4

(5)

6

3

(3)

5

2

(6)

8

4

● 두 수로 갈라 보세요.

(1)
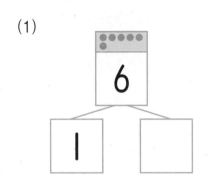

(2)
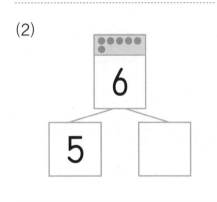

(3)
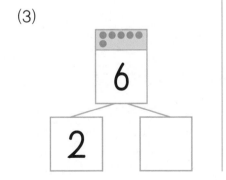

(4)
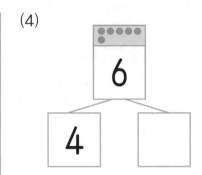

(5)
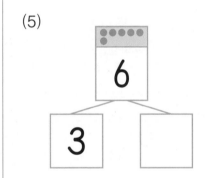

(6)
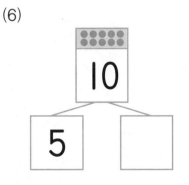

● 두 수로 갈라 보세요.

(1)

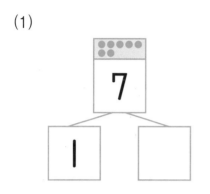

7

1   □

(4)

7

5   □

(2)

7

6   □

(5)

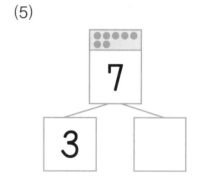

7

3   □

(3)

7

2   □

(6)

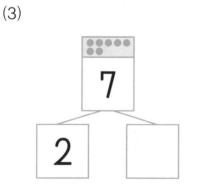

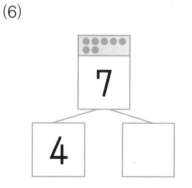

7

4   □

MA01 수 가르기 (1)

● 두 수로 갈라 보세요.

(1)
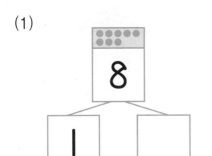

(2)
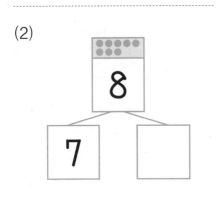

(3)
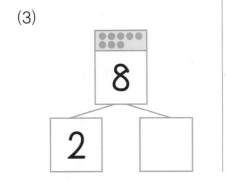

(4)
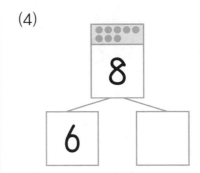

(5)
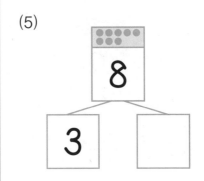

(6)
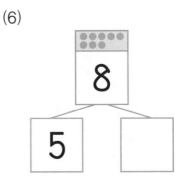

● 두 수로 갈라 보세요.

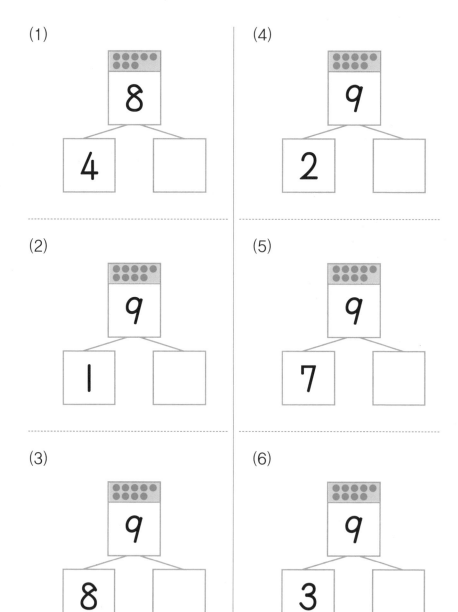

(1)

8
4 ☐

(4)

9
2 ☐

(2)

9
1 ☐

(5)

9
7 ☐

(3)

9
8 ☐

(6)

9
3 ☐

MA01 수 가르기 (1)

● 두 수로 갈라 보세요.

(1)
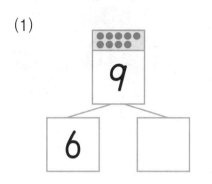

(2)
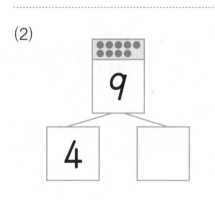

(3)
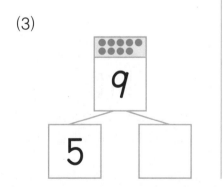

(4)
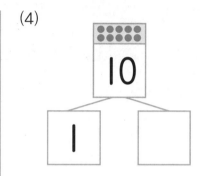

(5)
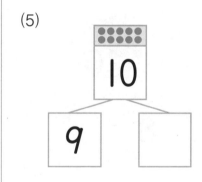

(6)
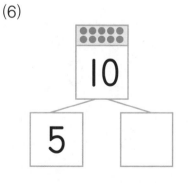

● 두 수로 갈라 보세요.

(1)
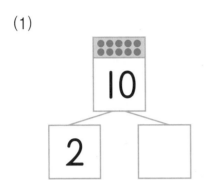

(4)
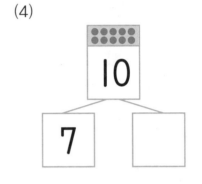

(2)
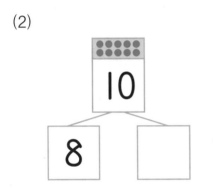

(5)
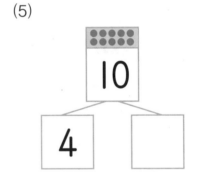

(3)
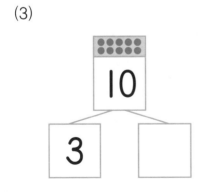

(6)
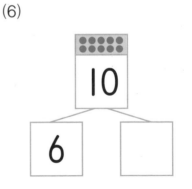

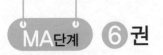

수 가르기 (2)

2주차

요일	교재 번호	학습한 날짜		확인
1일차(월)	01~08	월	일	
2일차(화)	09~16	월	일	
3일차(수)	17~24	월	일	
4일차(목)	25~32	월	일	
5일차(금)	33~40	월	일	

● 빈 곳에 알맞은 수만큼 ◯를 그리고, ☐ 안에 알맞은 수를 쓰세요.

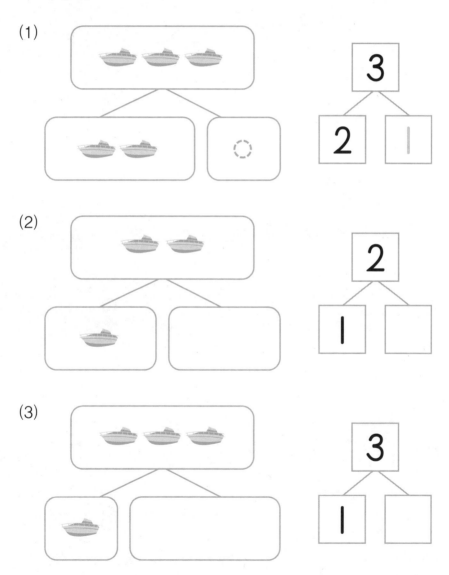

(1)

3

2 | 1

(2)

2

1

(3)

3

1

● 빈 곳에 알맞은 수만큼 ☐를 그리고, ☐ 안에 알맞은 수를
  쓰세요.

(1)

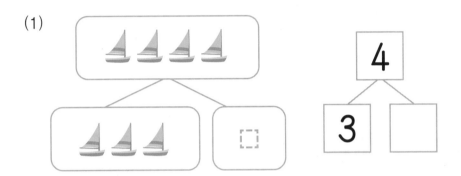

(2)

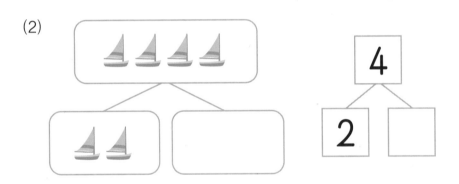

(3)

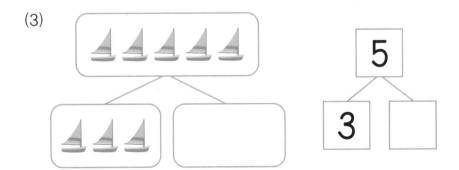

● 빈 곳에 알맞은 수만 ◯를 그리고, ▢ 안에 알맞은 수를 쓰세요.

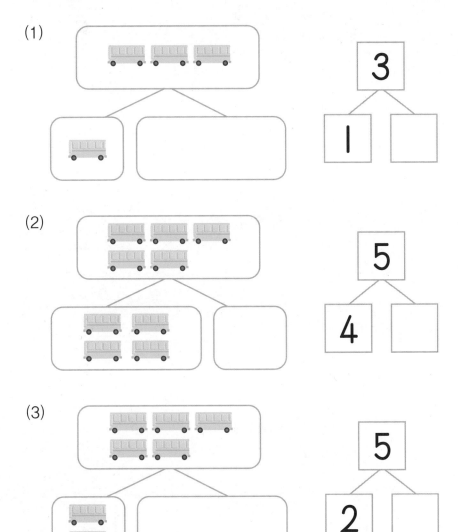

● 빈 곳에 알맞은 수만큼 ☐를 그리고, ☐ 안에 알맞은 수를 쓰세요.

(1)

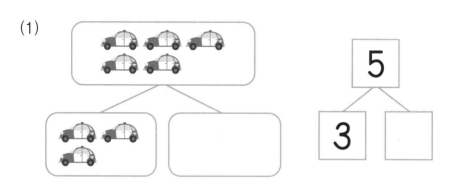

(2)

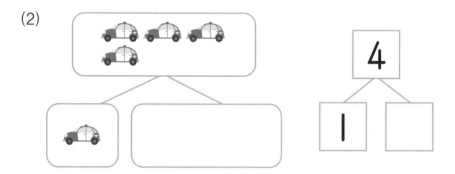

(3)

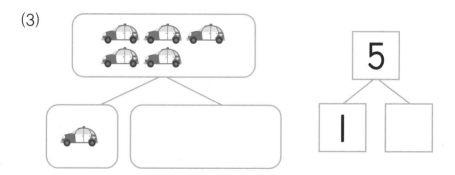

● 빈 곳에 알맞은 수만큼 ◯를 그리고, ☐ 안에 알맞은 수를
쓰세요.

(1)

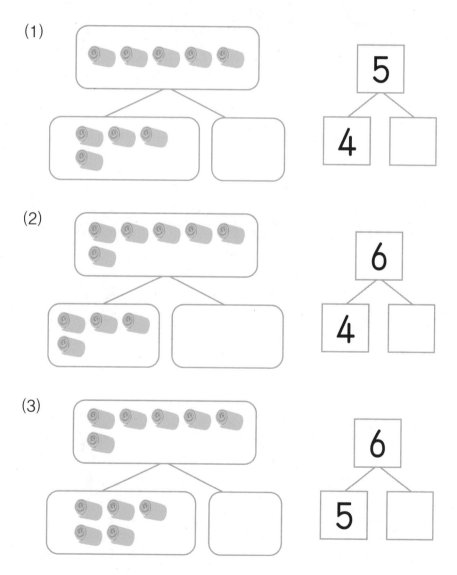

(2)

(3)

● 빈 곳에 알맞은 수만큼 ☐를 그리고, ☐ 안에 알맞은 수를 쓰세요.

(1)

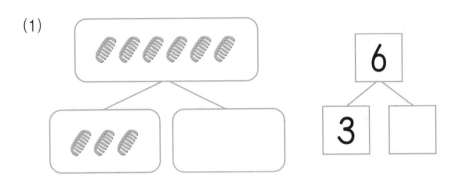

(2)

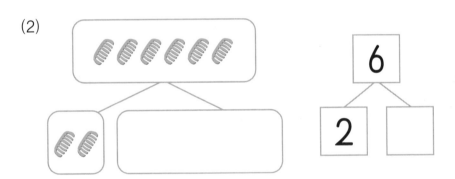

(3)

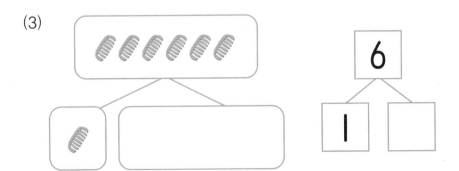

● 빈 곳에 알맞은 수만큼 ◯를 그리고, ☐ 안에 알맞은 수를 쓰세요.

(1)

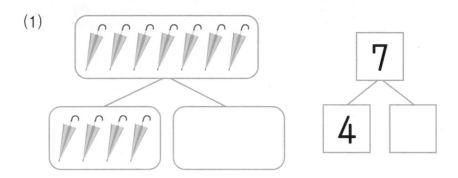

(2)

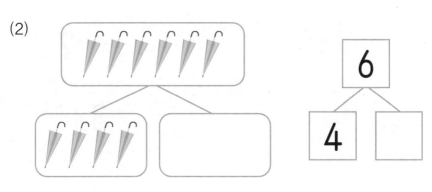

(3)

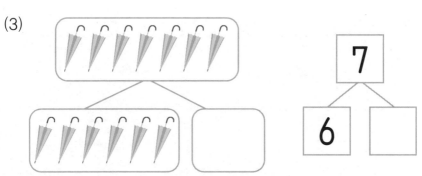

● 빈 곳에 알맞은 수만큼 ☐를 그리고, ☐ 안에 알맞은 수를 쓰세요.

(1)

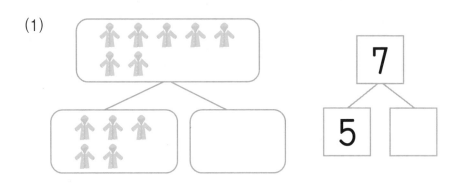

(2)

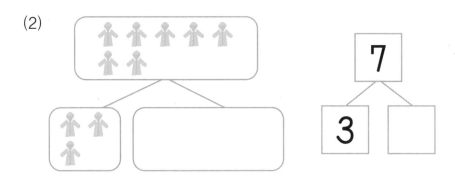

(3)

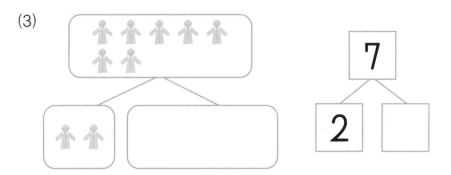

MA02 수 가르기 (2)

● 빈 곳에 알맞은 수만큼 ◯를 그리고, ☐ 안에 알맞은 수를
쓰세요.

(1)

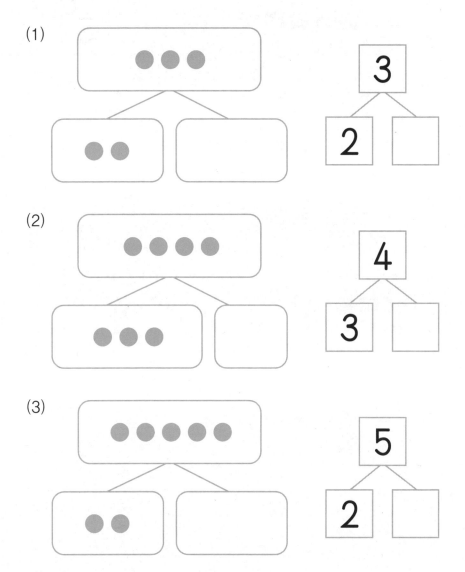

(2)

(3)

● 빈 곳에 알맞은 수만큼 ☐를 그리고, ☐ 안에 알맞은 수를 쓰세요.

(1)

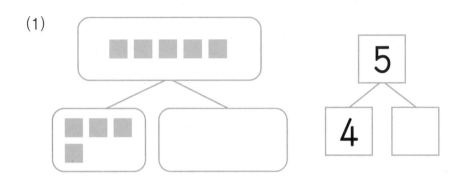

(2)

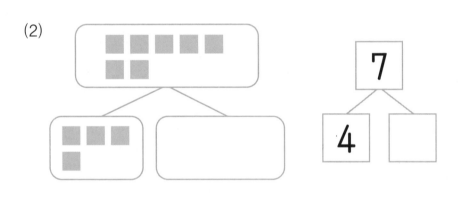

(3)

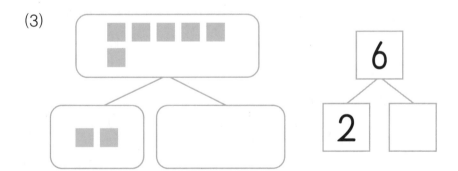

● 빈 곳에 알맞은 수만큼 ◯를 그리고, ☐ 안에 알맞은 수를 쓰세요.

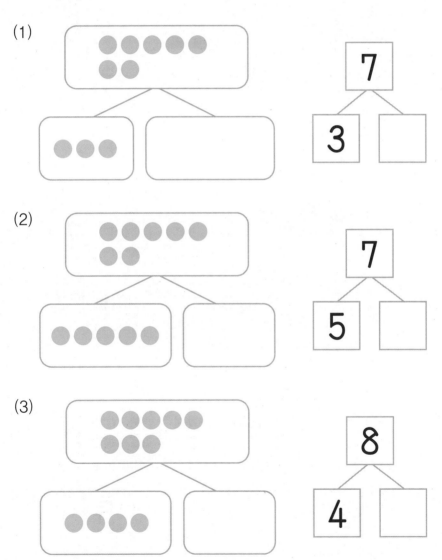

(1)

(2)

(3)

● 빈 곳에 알맞은 수만큼 ☐를 그리고, ☐ 안에 알맞은 수를
쓰세요.

(1)

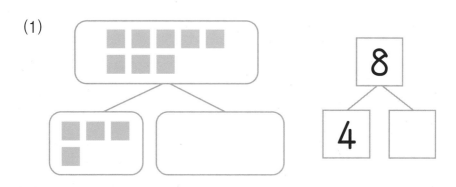

(2)

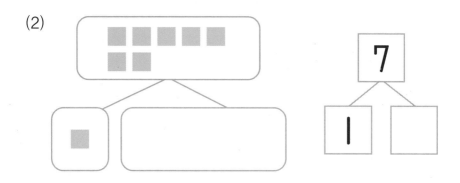

(3)

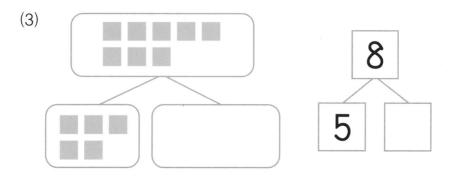

● 빈 곳에 알맞은 수만큼 ◯를 그리고, ☐ 안에 알맞은 수를 쓰세요.

(1)

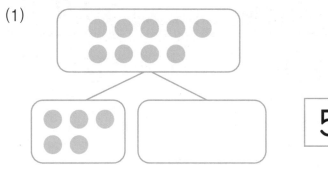 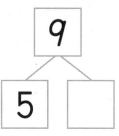

(2)

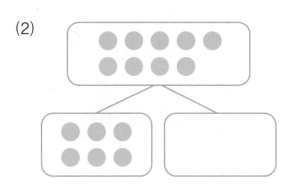 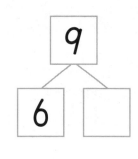

(3)

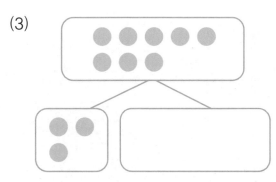 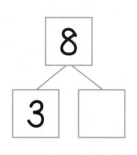

● 빈 곳에 알맞은 수만큼 ☐를 그리고, ☐ 안에 알맞은 수를 쓰세요.

(1)

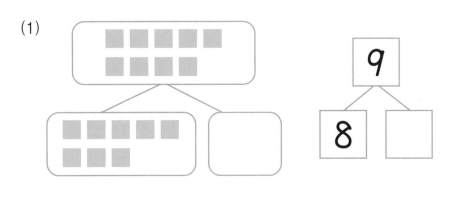

(2)

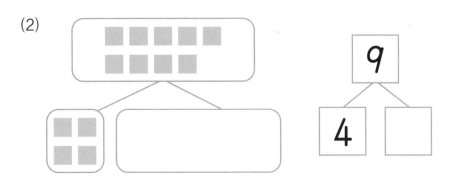

(3)

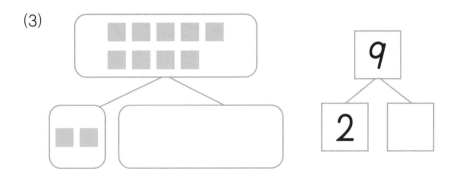

MA02 수 가르기 (2)

● 빈 곳에 알맞은 수만큼 ◯를 그리고, ☐ 안에 알맞은 수를 쓰세요.

(1)

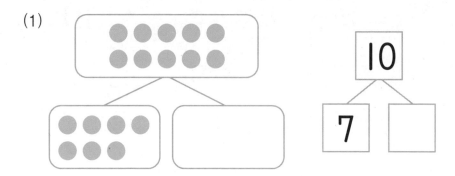

(2)

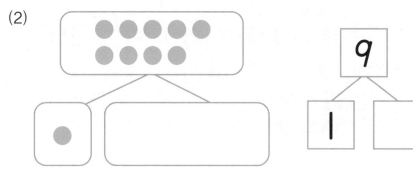

(3)

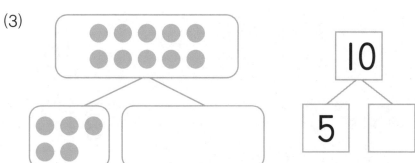

● 빈 곳에 알맞은 수만큼 ☐를 그리고, ☐ 안에 알맞은 수를 쓰세요.

(1)

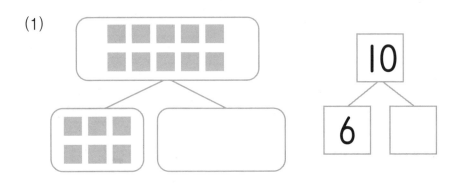

(2)

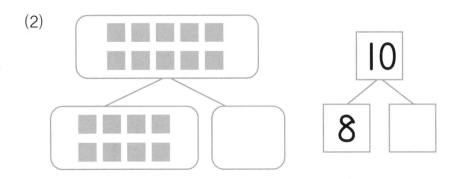

(3)

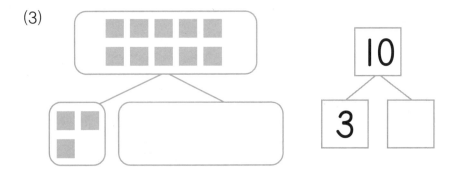

MA02 수 가르기 (2)

● 수를 가르기 하세요.

(1)
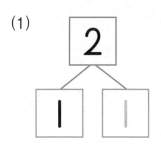

(4)
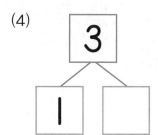

(2)
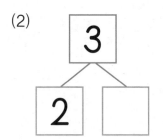

(5)
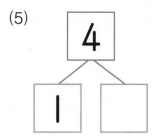

(3)
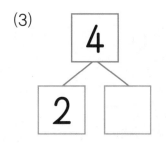

(6)
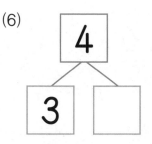

(7)
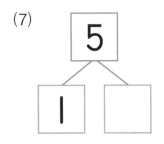

(10)
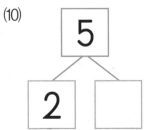

(8)
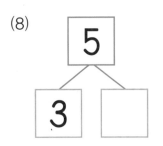

(11)
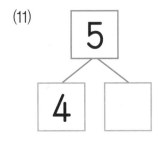

(9)
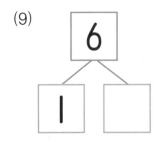

(12)
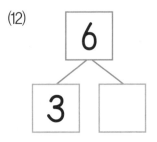

● 수를 가르기 하세요.

(1)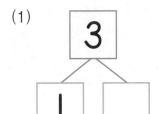

(4)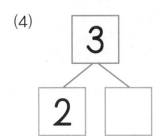

(2)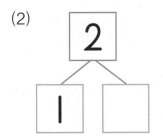

(5)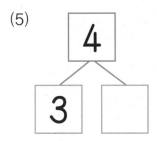

(3)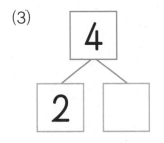

(6)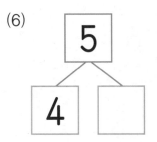

(7)
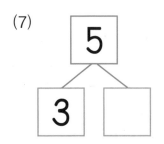

(10)
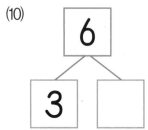

(8)
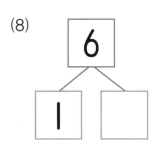

(11)
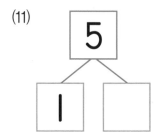

(9)
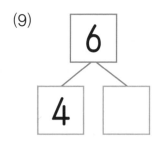

(12)
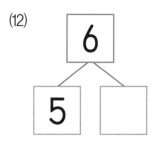

● 수를 가르기 하세요.

(1)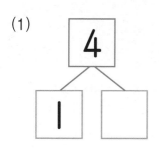

(2)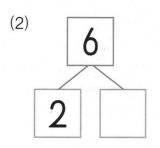

(3)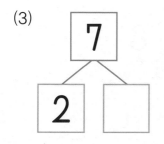

(4)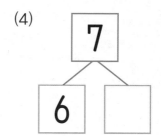

(5)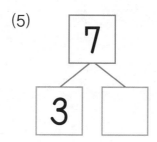

(6)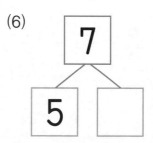

(7)
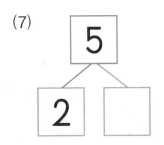

(10)
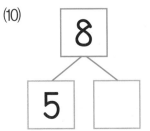

(8)
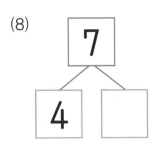

(11)
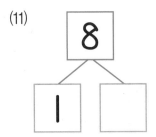

(9)
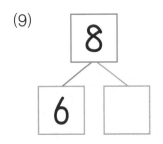

(12)
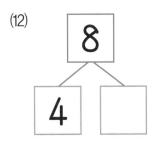

MA02 수 가르기 (2)

● 수를 가르기 하세요.

(1)
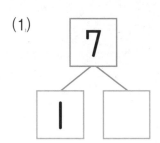

(4)
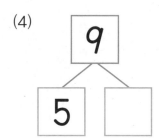

(2)
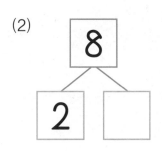

(5)
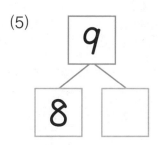

(3)
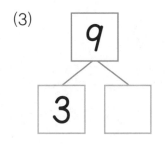

(6)
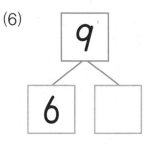

(7)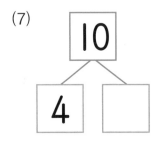

(10)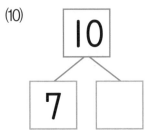

(8)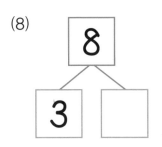

(11)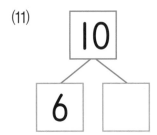

(9)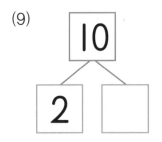

(12)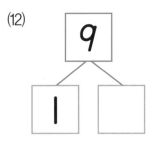

MA02 수 가르기 (2)

● 수를 가르기 하세요.

(1)
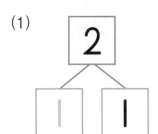

(4)
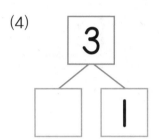

(2)
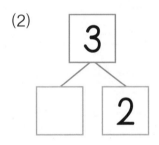

(5)
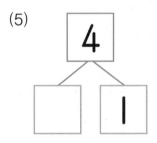

(3)
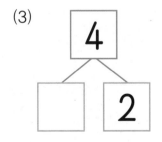

(6)
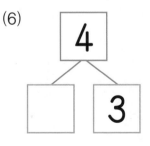

(7)

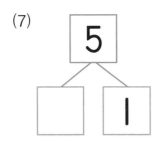

(10)

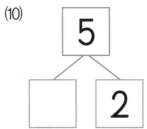

(8)

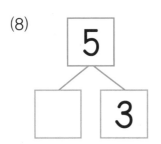

(11)

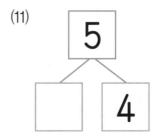

(9)

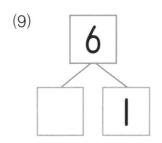

(12)

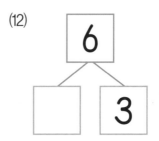

● 수를 가르기 하세요.

(1)
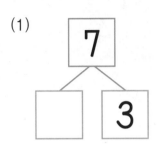

(4)
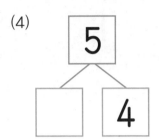

(2)
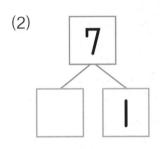

(5)
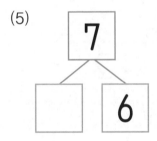

(3)
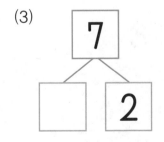

(6)
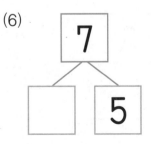

(7)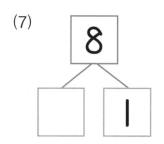

(10)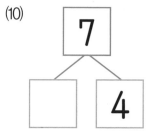

(8)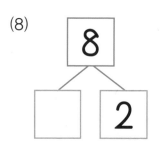

(11)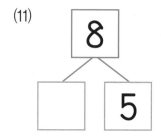

(9)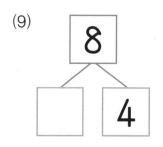

(12)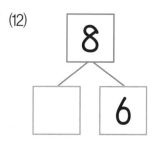

MA02 수 가르기 (2)

● 수를 가르기 하세요.

(1)
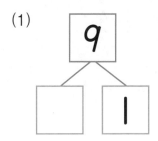

(4)
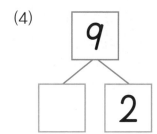

(2)
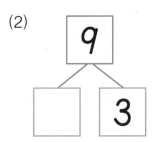

(5)
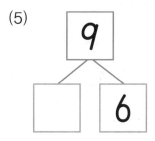

(3)
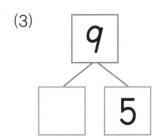

(6)
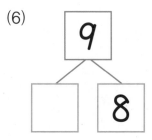

(7)
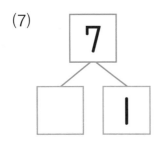

(10)
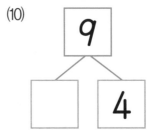

(8)
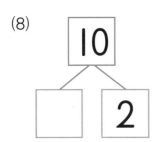

(11)
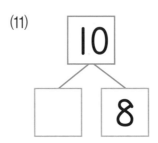

(9)
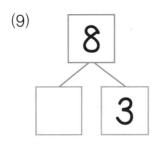

(12)
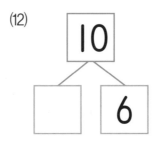

MA02 수 가르기 (2)

● 수를 가르기 하세요.

(1)
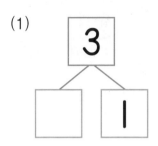

(4)
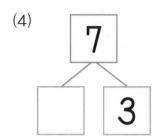

(2)
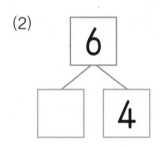

(5)
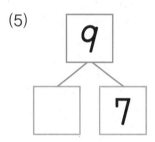

(3)
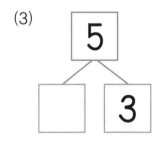

(6)
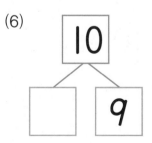

(7)

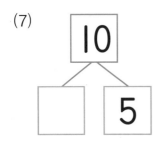

(10)

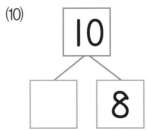

(8)

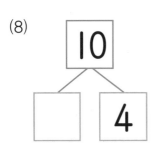

(11)

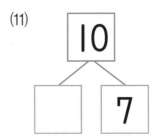

(9)

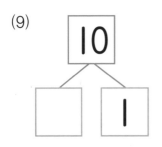

(12)

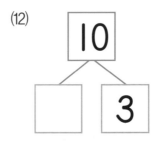

MA02 수 가르기 (2)

● ☐ 안에 알맞은 수를 쓰세요.

(1)

3	
1	2
2	1

(3)

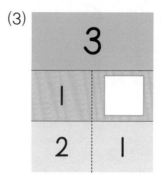

3	
1	☐
2	1

(2)

4	
1	☐
2	2
3	1

(4)

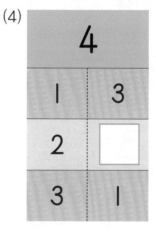

4	
1	3
2	☐
3	1

(5)

3	
1	2
☐	1

(7)

3	
☐	2
2	1

(6)

4	
1	3
☐	2
3	1

(8)

4	
1	3
2	2
☐	1

MA02 수 가르기 (2)

● ☐ 안에 알맞은 수를 쓰세요.

(1)

5	
1	4
2	☐
3	2
4	1

(2)

6	
1	5
2	☐
3	3
4	☐
5	1

(3)

7	
1	6
2	5
3	☐
4	3
5	2
6	1

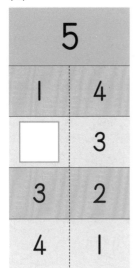

(4)

5	
l	4
☐	3
3	2
4	l

(5)

6	
l	5
2	4
☐	3
4	2
5	l

(6)

7	
l	6
☐	5
3	4
4	☐
5	2
6	l

● ☐ 안에 알맞은 수를 쓰세요.

(1)

8	
1	7
2	☐
3	5
4	4
5	3
6	2
7	1

(2)

9	
1	8
2	7
3	6
4	☐
5	4
6	3
7	2
☐	1

(3)

10	
1	9
☐	8
3	7
4	6
5	5
6	☐
7	3
8	2
9	1

(4)

8	
1	7
□	6
3	5
4	4
5	3
6	2
7	1

(5)

9	
1	8
2	7
□	6
4	5
5	4
6	□
7	2
8	1

(6)

10	
1	9
2	8
3	7
□	6
5	5
6	4
7	3
8	2
9	□

MA02 수 가르기 (2)

● ☐ 안에 알맞은 수를 쓰세요.

(1)

5	1	2	3	4
	4	☐	2	1

(2)

7	1	2	3	☐	5	6
	6	5	4	3	2	1

(3)

8	1	2	☐	4	5	6	7
	7	6	5	4	3	2	1

(4)

9	1	2	3	4	5	☐	7	8
	☐	7	6	5	4	3	2	1

(5)

6	1	2	3		5
	5	4	3	2	1

(6)

7	1	2	3	4	5	6
	6		4	3	2	1

(7)

9	1	2		4	5	6	7	8
	8	7	6	5	4	3	2	

(8)

10	1	2	3	4	5	6	7		9
	9	8		6	5	4	3	2	1

수 모으기 (1)

3주차

요일	교재 번호	학습한 날짜		확인
1일차(월)	01~08	월	일	
2일차(화)	09~16	월	일	
3일차(수)	17~24	월	일	
4일차(목)	25~32	월	일	
5일차(금)	33~40	월	일	

● 두 수를 모아 빈 곳에 ◯를 그리세요.

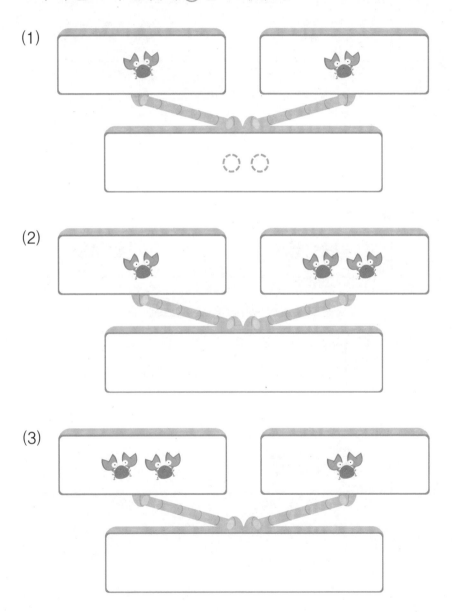

(1)

(2)

(3)

● 두 수를 모아 빈 곳에 ◯ 를 그리세요.

(1)

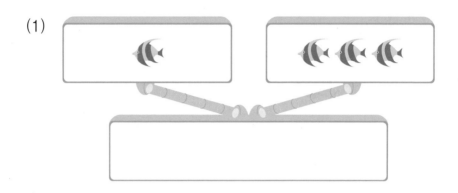

(2)

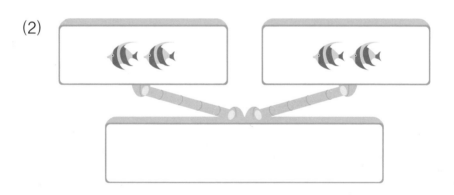

(3)

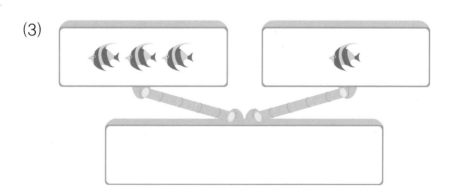

● 두 수를 모아 빈 곳에 ◯를 그리세요.

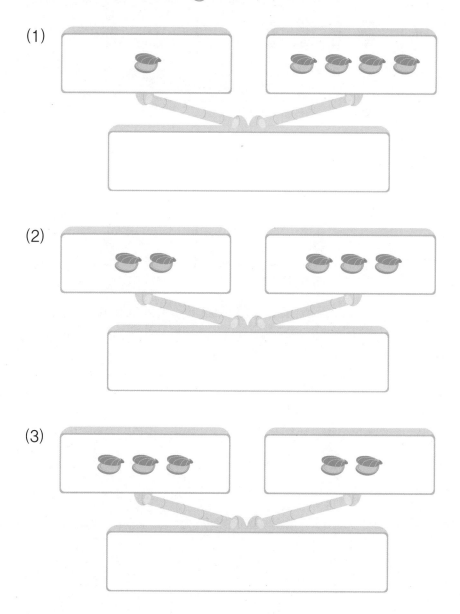

(1)

(2)

(3)

● 두 수를 모아 빈 곳에 ◯를 그리세요.

(1)

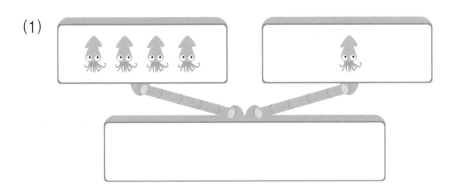

(2)

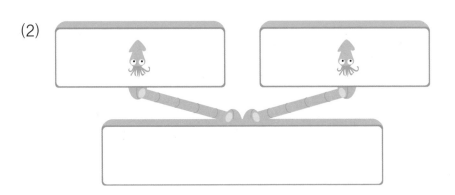

(3)

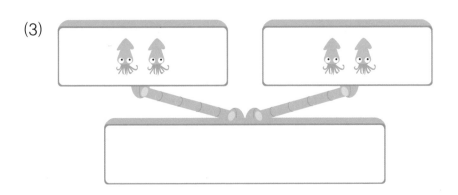

● 두 수를 모아 빈 곳에 ☆을 그리세요.

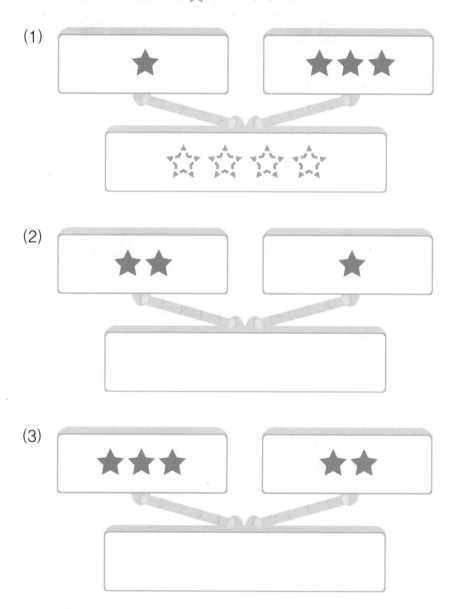

● 두 수를 모아 빈 곳에 ◯를 그리세요.

(1)

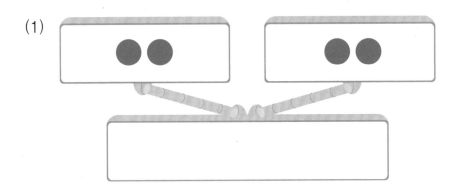

(2)

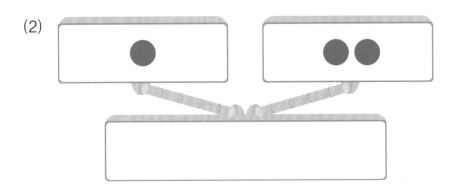

(3)

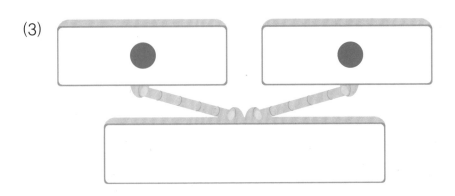

MA03 수 모으기 (1)

● 두 수를 모아 빈 곳에 ☐를 그리세요.

(1)

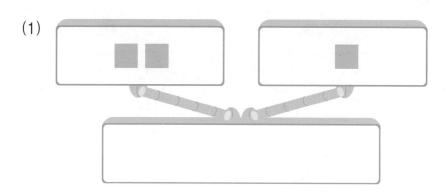

(2)

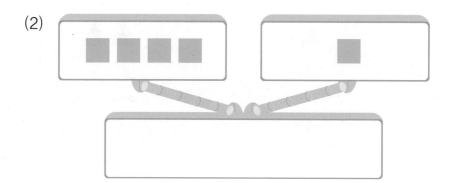

(3)

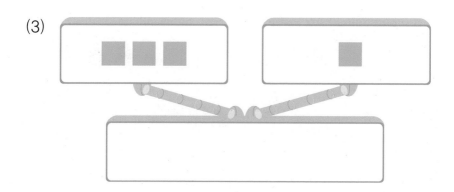

● 두 수를 모아 빈 곳에 △를 그리세요.

(1)

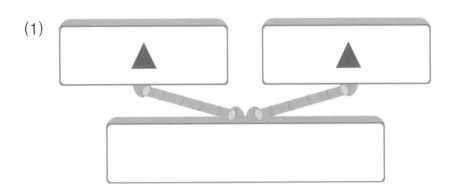

(2)

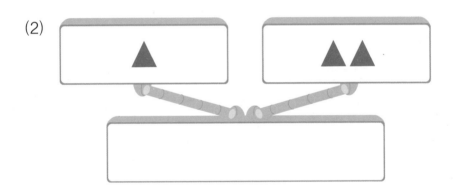

(3)

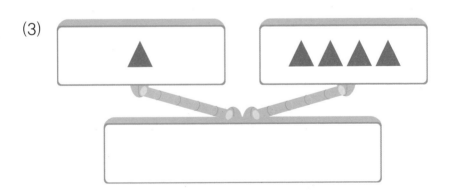

MA03 수 모으기 (1)

● 두 수를 모아 빈 곳에 ◯를 그리고, ☐ 안에 알맞은 수를 쓰세요.

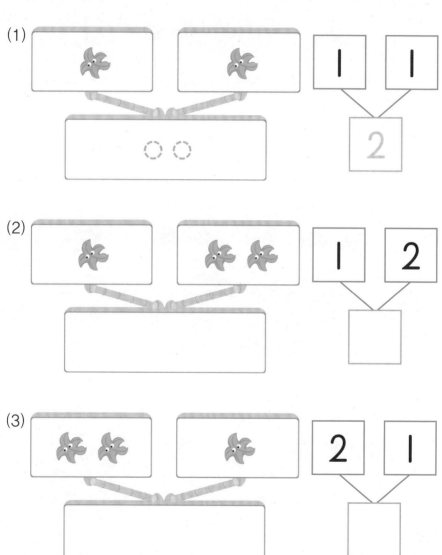

(1)

| 1 | 1 |

2

(2)

| 1 | 2 |

(3)

| 2 | 1 |

● 두 수를 모아 빈 곳에 ◯를 그리고, ☐ 안에 알맞은 수를 쓰세요.

(1)
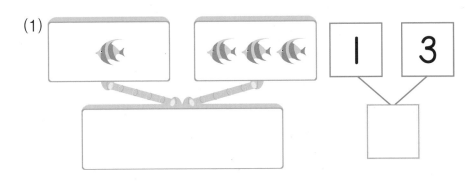

(2)
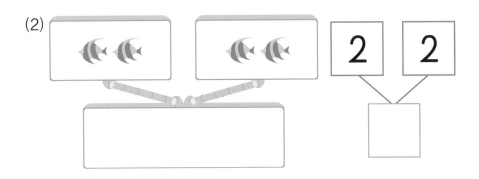

(3)
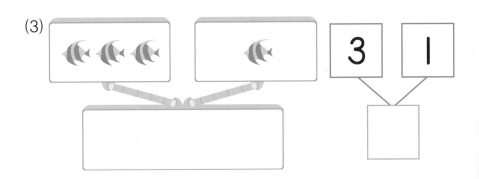

MA03 수 모으기 (1)

● 두 수를 모아 빈 곳에 ◯를 그리고, ☐ 안에 알맞은 수를 쓰세요.

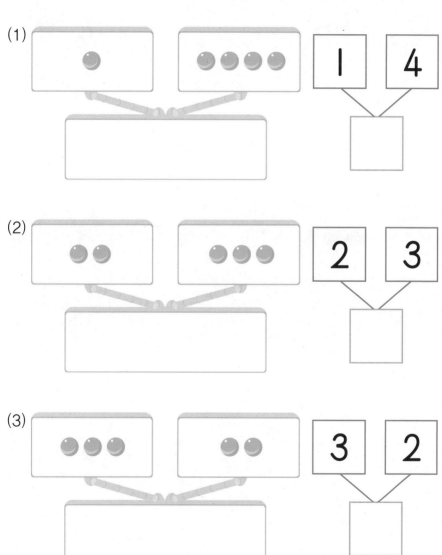

(1)

| 1 | 4 |

(2)

| 2 | 3 |

(3)

| 3 | 2 |

● 두 수를 모아 빈 곳에 ◯를 그리고, □ 안에 알맞은 수를
쓰세요.

(1)
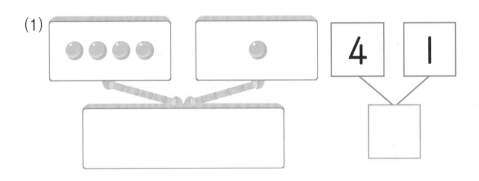

(2)
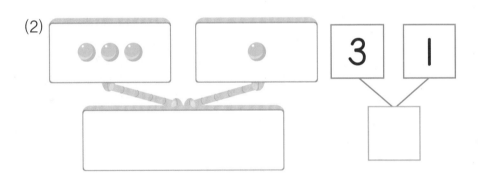

(3)
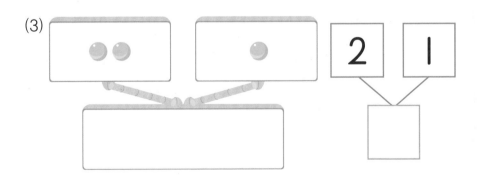

● 두 수를 모아 보세요.

(1)

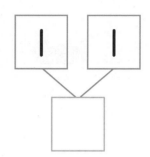

(2)

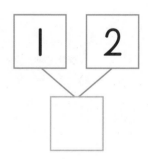

(3)

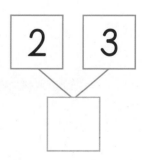

● 두 수를 모아 보세요.

(1)

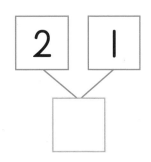

(2)

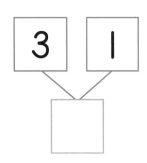

(3)

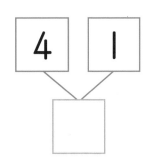

MA03 수 모으기 (1)

● 두 수를 모아 보세요.

(1)

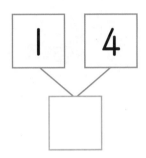

(2)

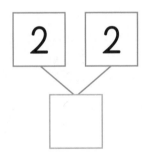

(3)

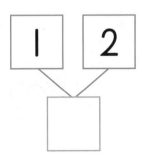

● 두 수를 모아 보세요.

(1)

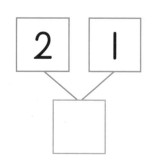

(2)

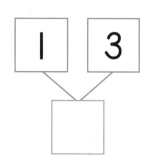

(3)

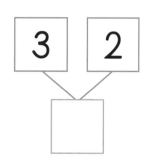

MA03 수 모으기 (1)

● 두 수를 모아 빈 곳에 ◯를 그리세요.

(1)

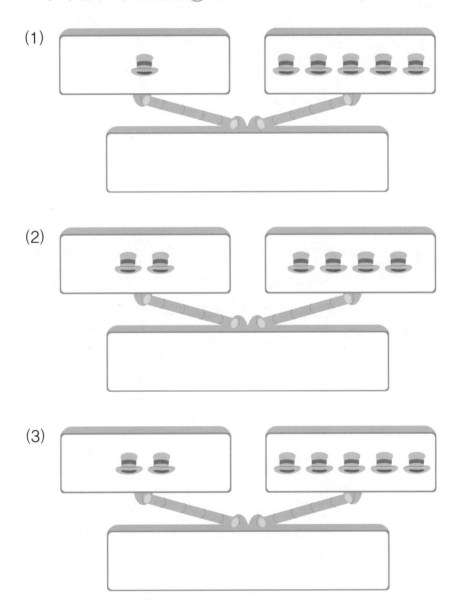

(2)

(3)

● 두 수를 모아 빈 곳에 ◯를 그리세요.

(1)

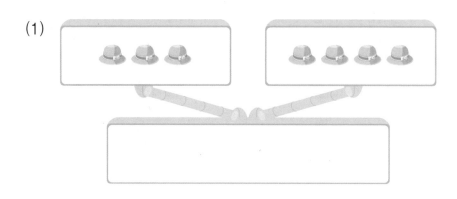

(2)

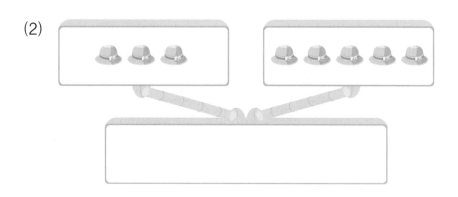

(3)

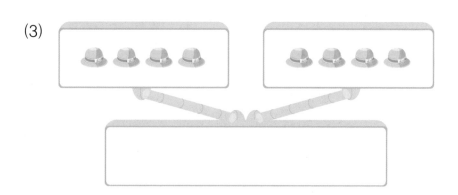

MA03 수 모으기 (1)

● 두 수를 모아 빈 곳에 ◯를 그리세요.

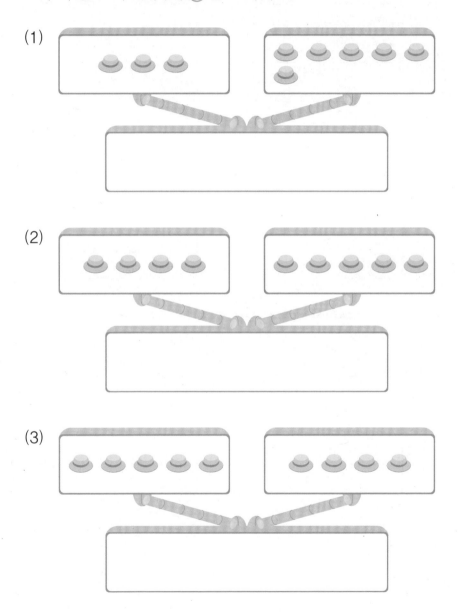

(1)

(2)

(3)

● 두 수를 모아 빈 곳에 ◯를 그리세요.

(1)

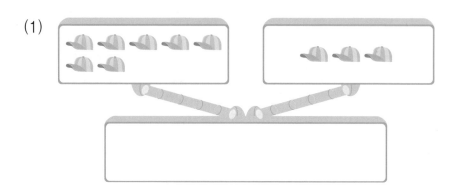

(2)

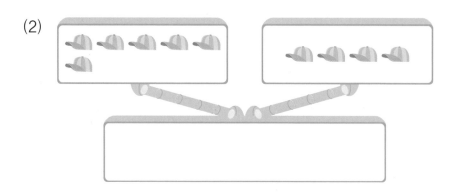

(3)

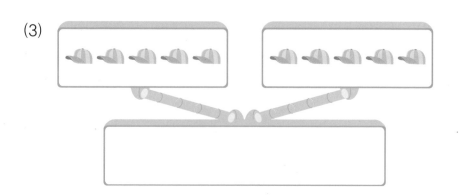

● 두 수를 모아 빈 곳에 ◯를 그리세요.

(1)

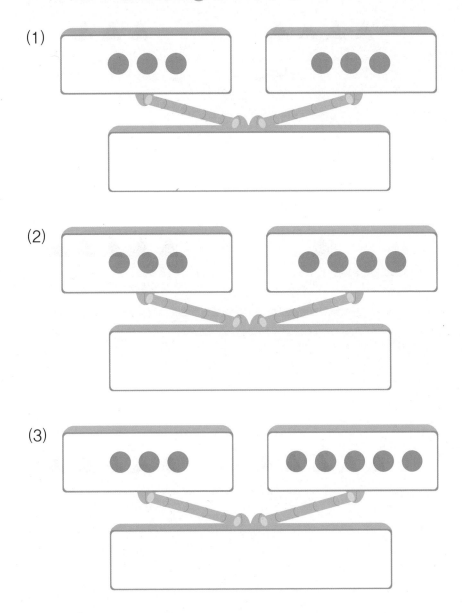

(2)

(3)

● 두 수를 모아 빈 곳에 △를 그리세요.

(1)
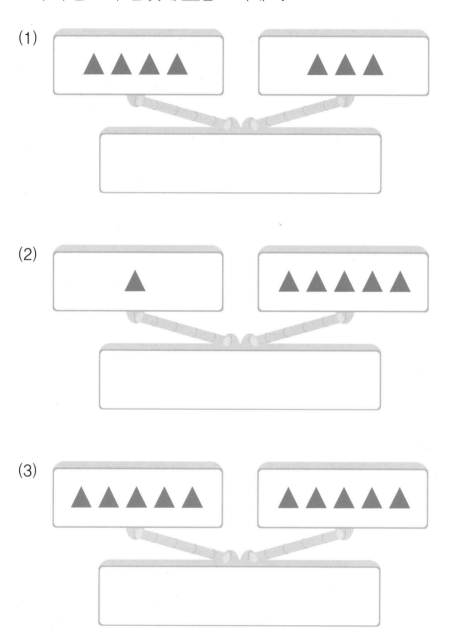

(2)

(3)

MA03 수 모으기 (1)

● 두 수를 모아 빈 곳에 ☆ 을 그리세요.

(1)

(2)

(3)

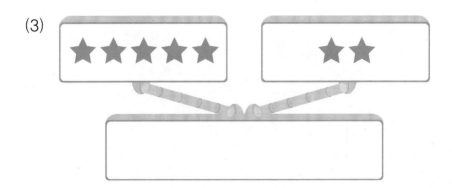

● 두 수를 모아 빈 곳에 ☐를 그리세요.

(1)

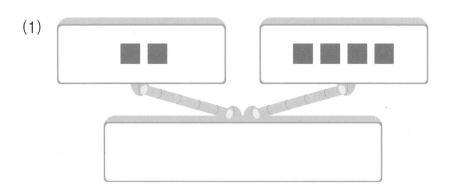

(2)

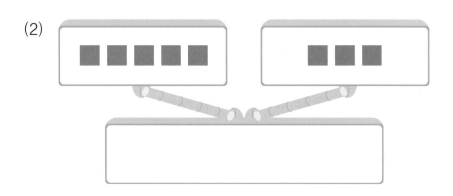

(3)

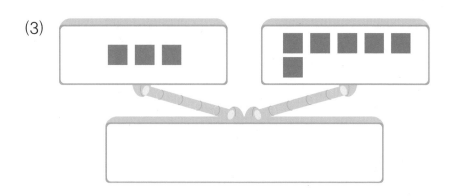

MA03 수 모으기 (1)

● 두 수를 모아 빈 곳에 ◯를 그리고, ☐ 안에 알맞은 수를 쓰세요.

(1)
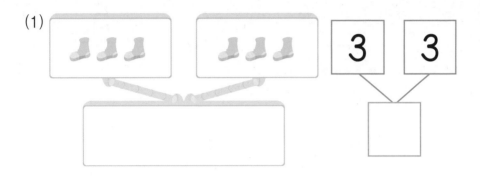

(2)
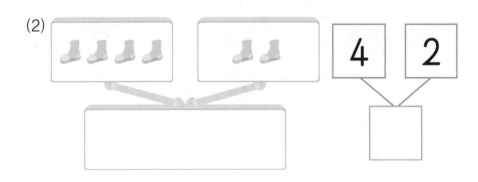

(3)
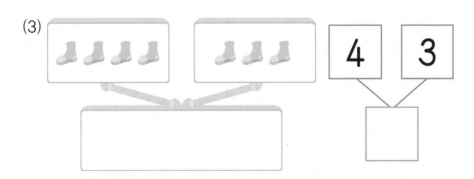

● 두 수를 모아 빈 곳에 ◯를 그리고, ☐ 안에 알맞은 수를
  쓰세요.

(1)
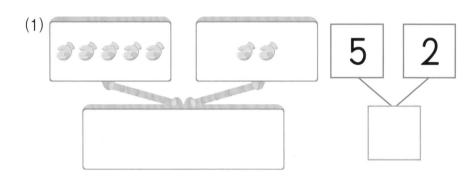

(2)
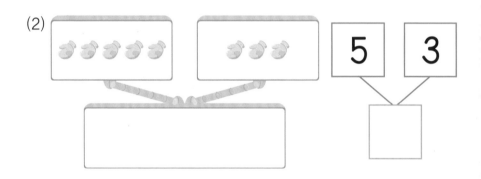

(3)
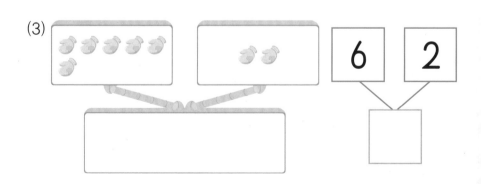

● 두 수를 모아 빈 곳에 ◯를 그리고, ☐ 안에 알맞은 수를 쓰세요.

(1)
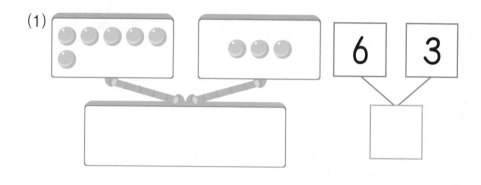

(2)
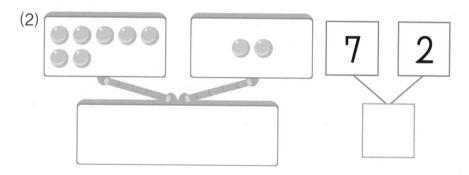

(3)
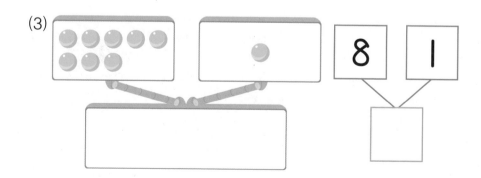

● 두 수를 모아 빈 곳에 ◯를 그리고, ☐ 안에 알맞은 수를 쓰세요.

(1)
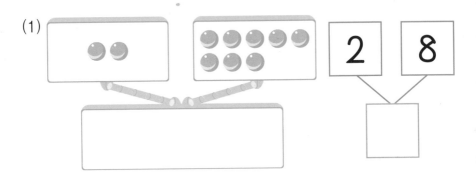

(2)
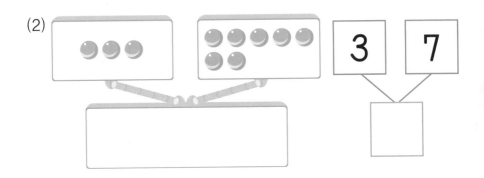

(3)
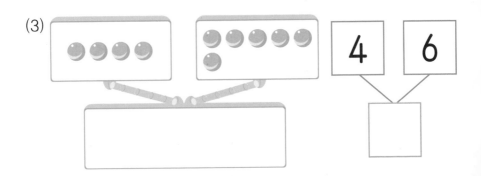

● 두 수를 모아 보세요.

(1)

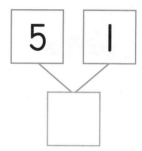

(2)

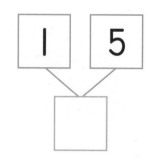

(3)

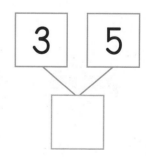

● 두 수를 모아 보세요.

(1)

(2)

(3)

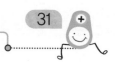

MA03 수 모으기 (1)

● 두 수를 모아 보세요.

(1)

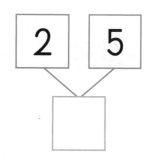

(2)

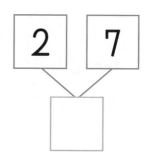

(3)

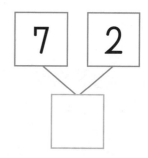

● 두 수를 모아 보세요.

(1)

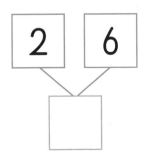

(2)

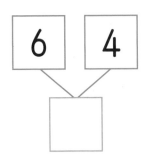

(3)

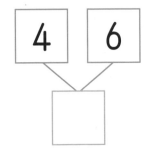

MA03 수 모으기 (1)

● 두 수를 모아 보세요.

(1)

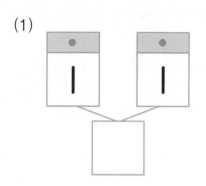

(2)

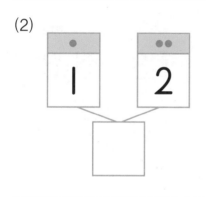

(3)

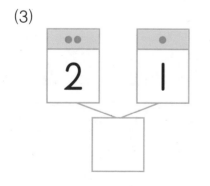

(4)

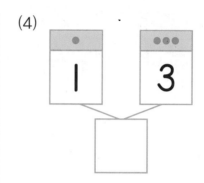

(5)

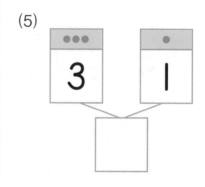

(6)

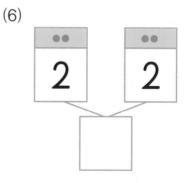

● 두 수를 모아 보세요.

(1)

| 1 | 4 |

(4)

| 3 | 2 |

(2)

| 4 | 1 |

(5)

| 3 | 3 |

(3)

| 2 | 3 |

(6)

| 4 | 4 |

MA03 수 모으기 (1)

● 두 수를 모아 보세요.

(1)
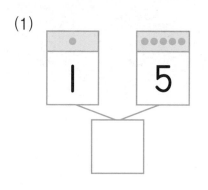

(4)
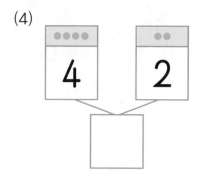

(2)
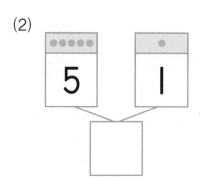

(5)
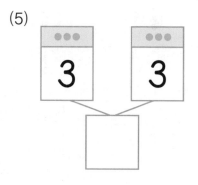

(3)
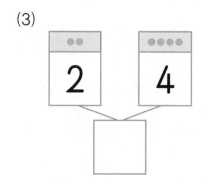

(6)
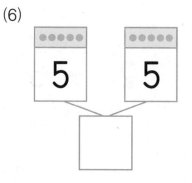

● 두 수를 모아 보세요.

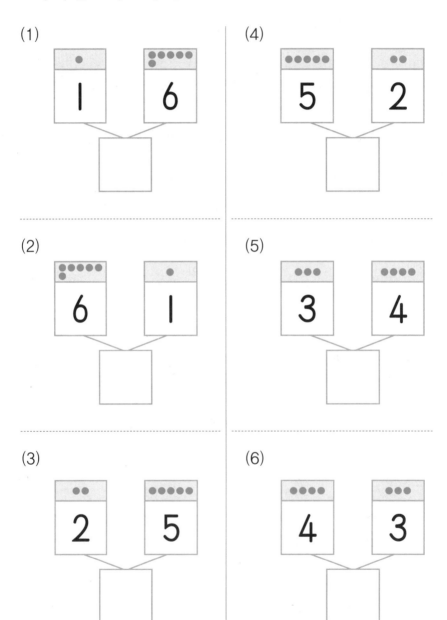

(1)

1	6

(2)

6	1

(3)

2	5

(4)

5	2

(5)

3	4

(6)

4	3

MA03 수 모으기 (1)

● 두 수를 모아 보세요.

(1)
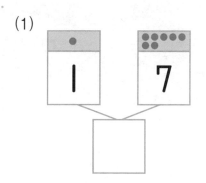

(2)
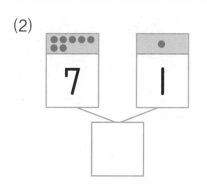

(3)
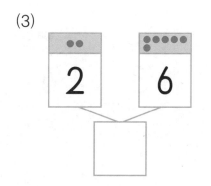

(4)
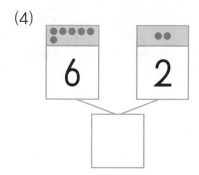

(5)
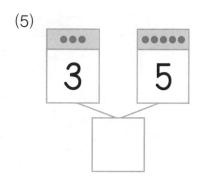

(6)
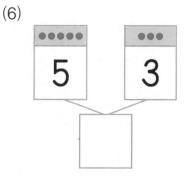

● 두 수를 모아 보세요.

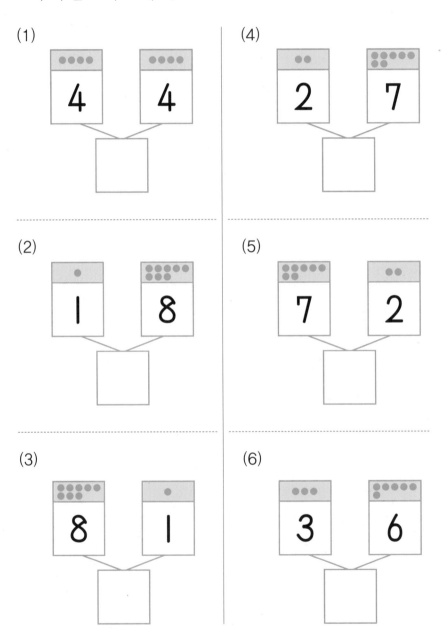

(1)

4　4

□

(2)

1　8

□

(3)

8　1

□

(4)

2　7

□

(5)

7　2

□

(6)

3　6

□

● 두 수를 모아 보세요.

(1)

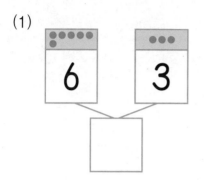

(4)

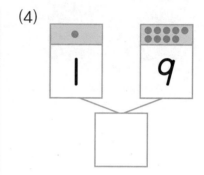

(2)

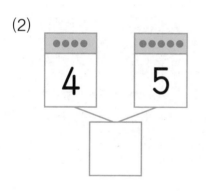

(5)

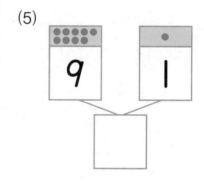

(3)

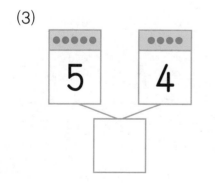

(6)

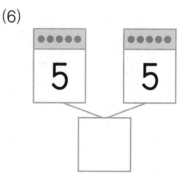

● 두 수를 모아 보세요.

(1)

2 8

☐

(4)

7 3

☐

(2)

8 2

☐

(5)

4 6

☐

(3)

3 7

☐

(6)

6 4

☐

수 모으기 (2)

4주차

요일	교재 번호	학습한 날짜		확인
1일차(월)	01~08	월	일	
2일차(화)	09~16	월	일	
3일차(수)	17~24	월	일	
4일차(목)	25~32	월	일	
5일차(금)	33~40	월	일	

● 빈 곳에 알맞은 수만큼 ◯를 그리고, ☐ 안에 알맞은 수를 쓰세요.

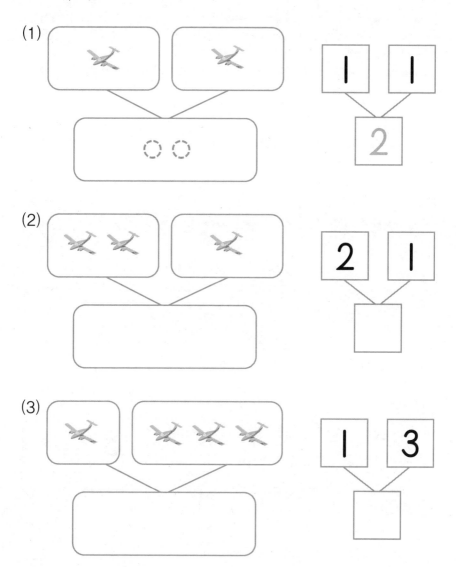

(1)

(2)

(3)

● 빈 곳에 알맞은 수만큼 ☐ 를 그리고, ☐ 안에 알맞은 수를 쓰세요.

(1)
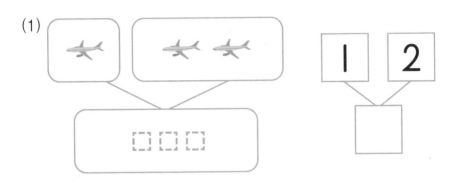

(2)
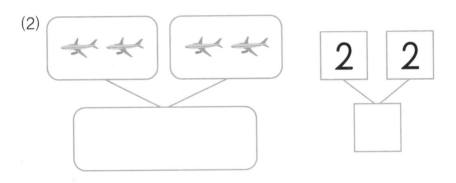

(3)
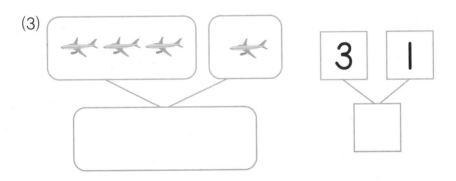

3

● 빈 곳에 알맞은 수만큼 ◯를 그리고, ☐ 안에 알맞은 수를
쓰세요.

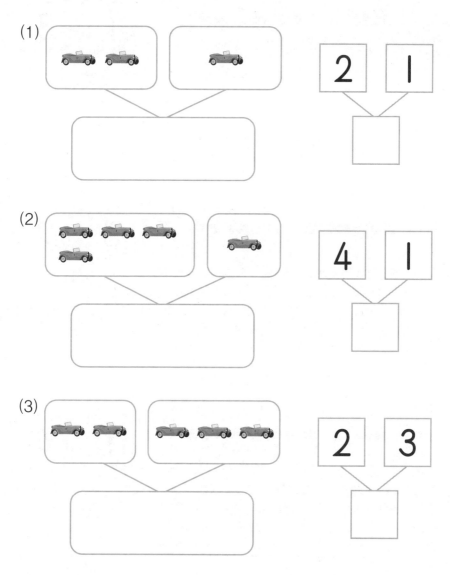

(1)

| 2 | 1 |

(2)

| 4 | 1 |

(3)

| 2 | 3 |

● 빈 곳에 알맞은 수만큼 ☐를 그리고, ☐ 안에 알맞은 수를 쓰세요.

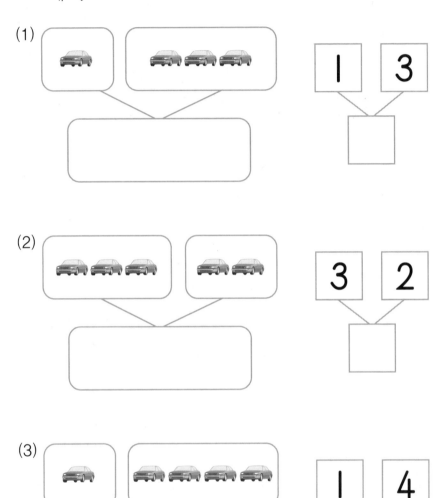

(1)

| 1 | 3 |

(2)

| 3 | 2 |

(3)

| 1 | 4 |

MA04 수 모으기 (2)

● 빈 곳에 알맞은 수만큼 ◯를 그리고, ☐ 안에 알맞은 수를 쓰세요.

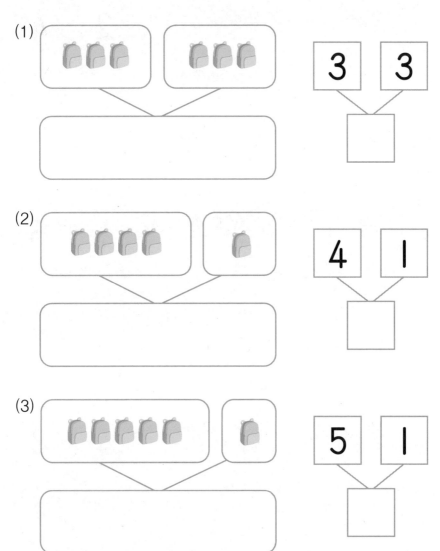

● 빈 곳에 알맞은 수만큼 ☐를 그리고, ☐ 안에 알맞은 수를 쓰세요.

(1)

(2)

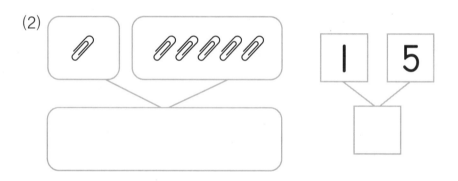

(3)

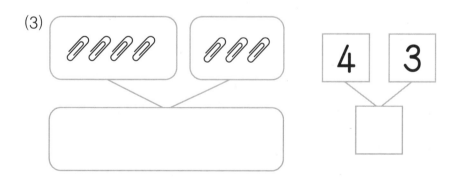

MA04 수 모으기 (2)

● 빈 곳에 알맞은 수만큼 ◯를 그리고, ☐ 안에 알맞은 수를 쓰세요.

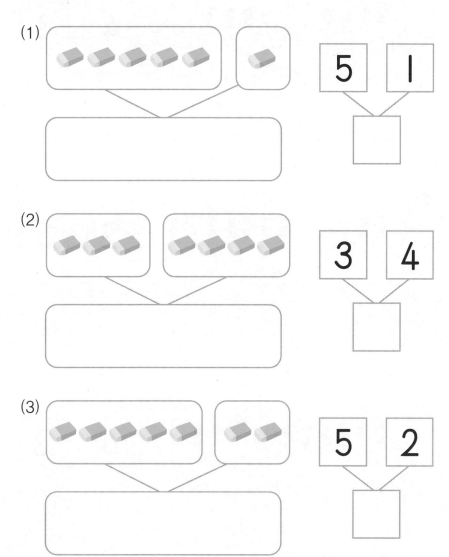

(1)

5 1

(2)

3 4

(3)

5 2

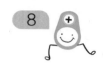

● 빈 곳에 알맞은 수만큼 ☐를 그리고, ☐ 안에 알맞은 수를 쓰세요.

(1)

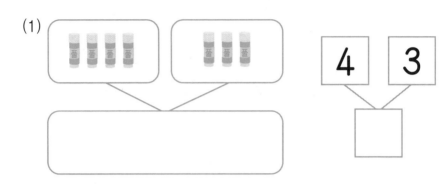

| 4 | 3 |

(2)

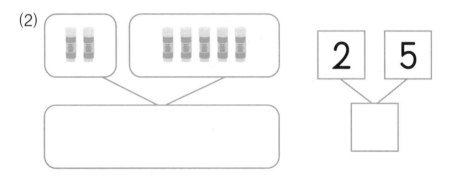

| 2 | 5 |

(3)

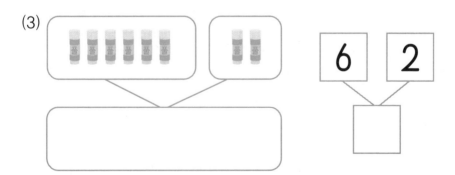

| 6 | 2 |

MA04 수 모으기 (2)

● 빈 곳에 알맞은 수만큼 ◯를 그리고, ☐ 안에 알맞은 수를 쓰세요.

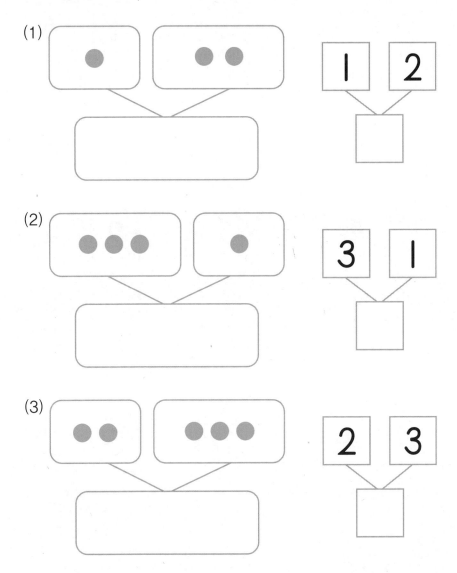

● 빈 곳에 알맞은 수만큼 □를 그리고, □ 안에 알맞은 수를 쓰세요.

(1)

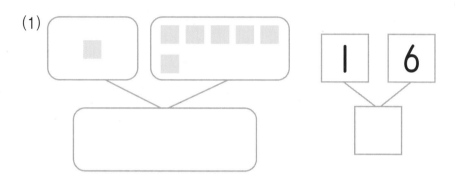

(2)

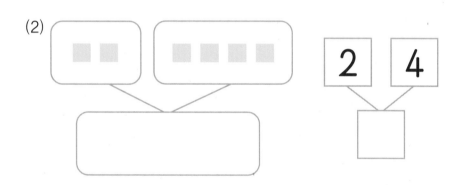

(3)

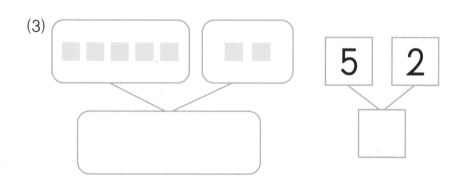

MA04 수 모으기 (2)

● 빈 곳에 알맞은 수만큼 ◯를 그리고, ▢ 안에 알맞은 수를 쓰세요.

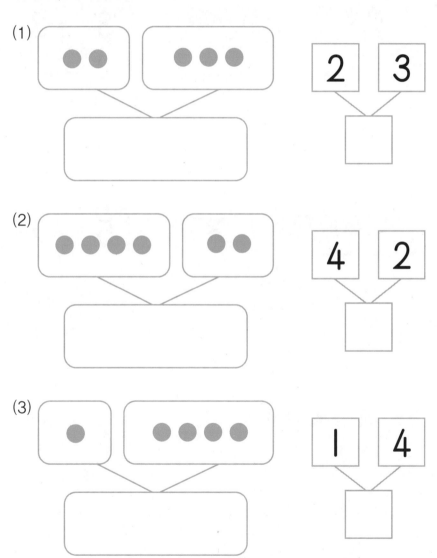

(1)

| 2 | 3 |

(2)

| 4 | 2 |

(3)

| 1 | 4 |

● 빈 곳에 알맞은 수만큼 □ 를 그리고, □ 안에 알맞은 수를 쓰세요.

(1)
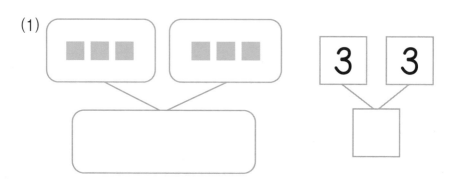

(2)
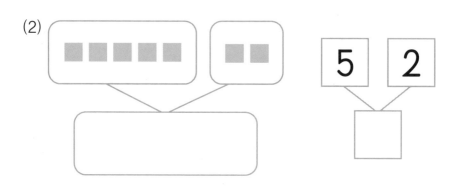

(3)
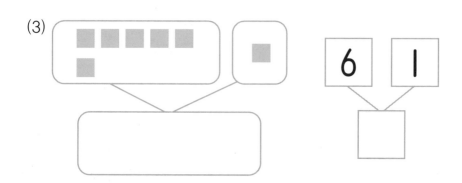

MA04 수 모으기 (2)

● 빈 곳에 알맞은 수만큼 ◯를 그리고, ☐ 안에 알맞은 수를 쓰세요.

(1)
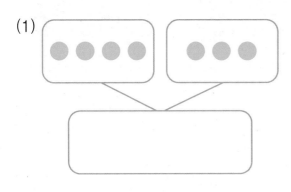
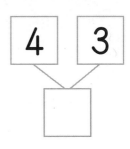

(2)
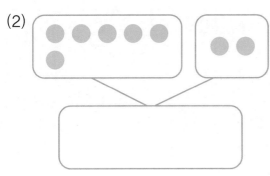
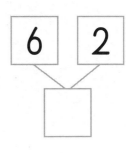

(3)
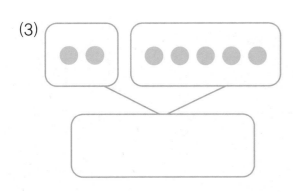
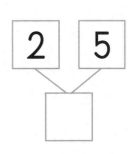

● 빈 곳에 알맞은 수만큼 ☐를 그리고, ☐ 안에 알맞은 수를
쓰세요.

(1)
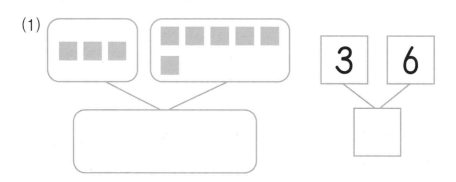

(2)
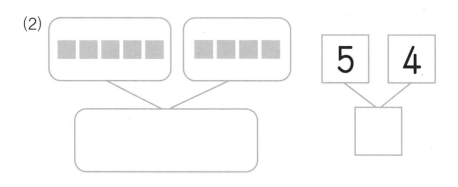

(3)
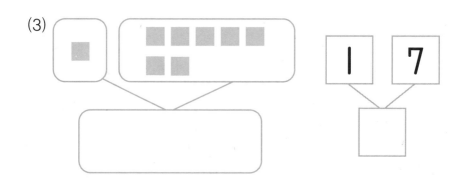

MA04 수 모으기 (2)

● 빈 곳에 알맞은 수만큼 ◯ 를 그리고, ☐ 안에 알맞은 수를 쓰세요.

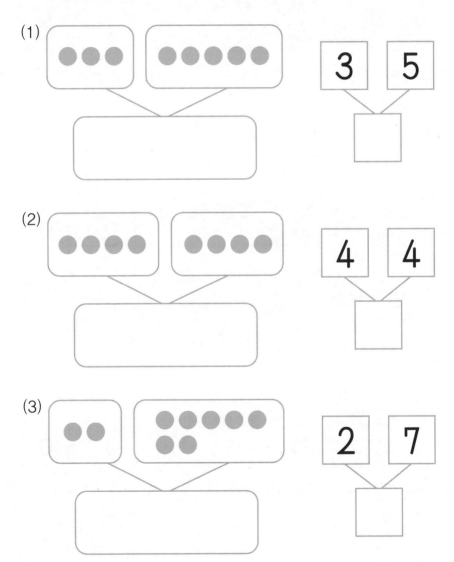

(1)

(2)

(3)

● 빈 곳에 알맞은 수만큼 □를 그리고, □ 안에 알맞은 수를 쓰세요.

(1)
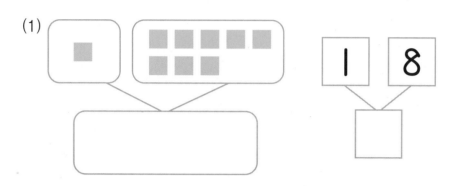

(2)
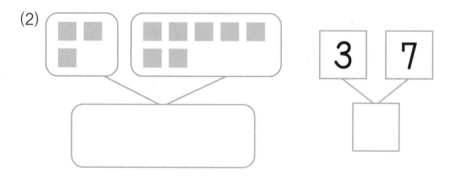

(3)
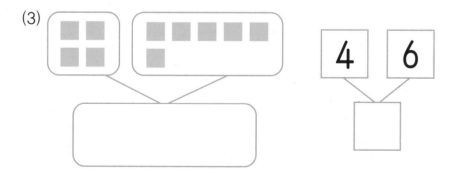

MA04 수 모으기 (2)

● 두 수를 모으기 하세요.

(1)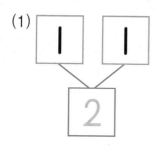

(4)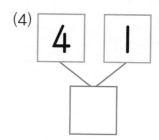

(2)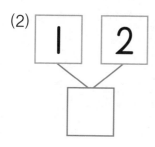

(5)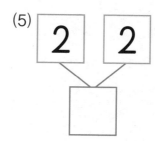

(3)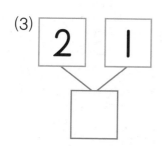

(6)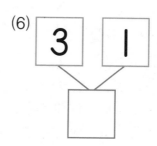

(7)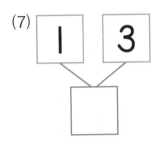

(10)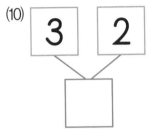

(8)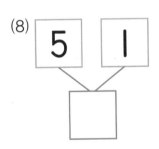

(11)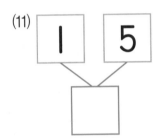

(9)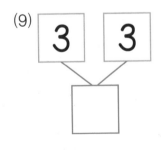

(12)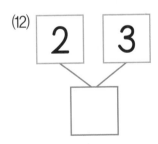

MA04 수 모으기 (2)

● 두 수를 모으기 하세요.

(1)
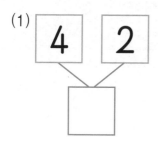

(4)
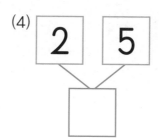

(2)
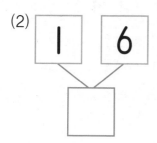

(5)
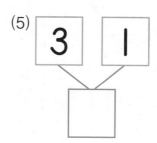

(3)
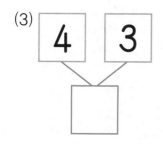

(6)
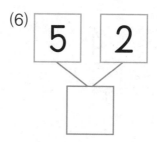

(7)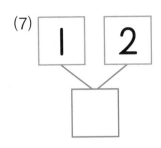

(10)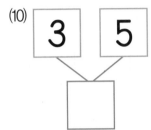

(8)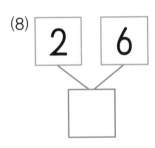

(11)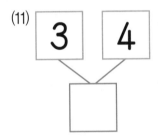

(9)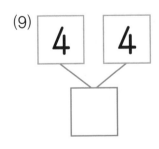

(12)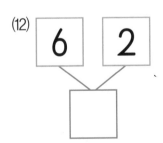

● 두 수를 모으기 하세요.

(1)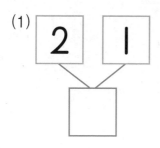

(4)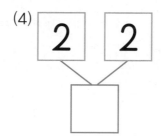

(2)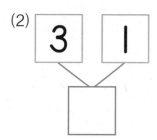

(5)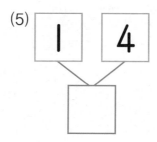

(3)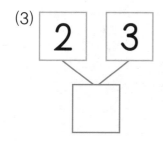

(6)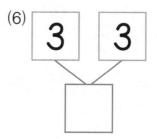

(7)
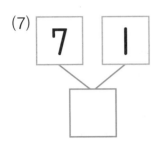

(10)
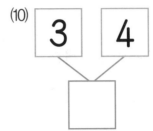

(8)
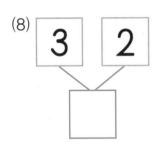

(11)
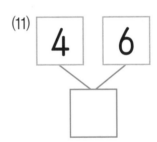

(9)
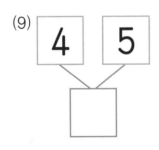

(12)
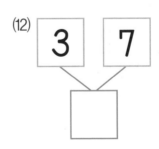

● 두 수를 모으기 하세요.

(1)
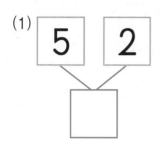

(4)
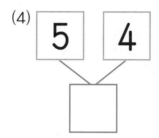

(2)
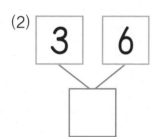

(5)
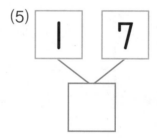

(3)
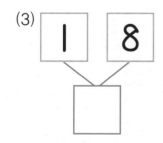

(6)
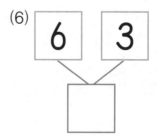

(7)
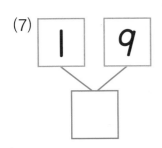

(10)
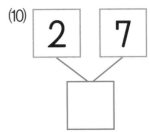

(8)
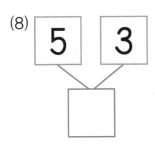

(11)
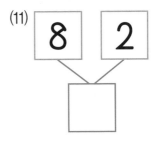

(9)
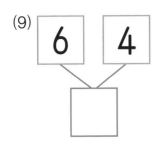

(12)
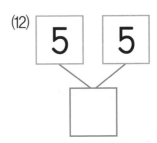

● 두 수를 모으기 하세요.

(1)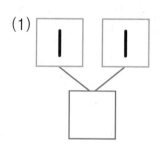

(4)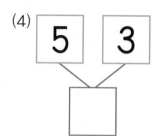

(2)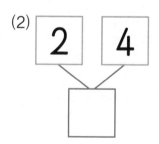

(5)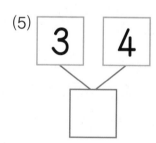

(3)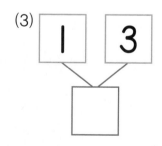

(6)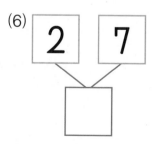

(7)
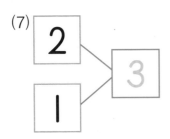

(10)
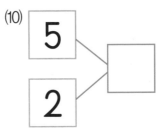

(8)
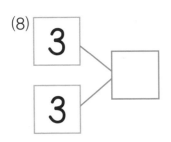

(11)
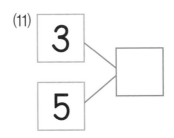

(9)
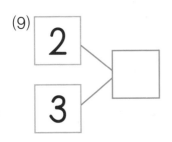

(12)
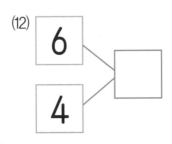

● 두 수를 모으기 하세요.

(1)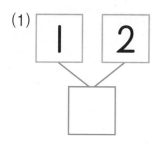

(4)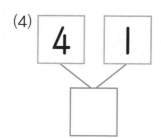

(2)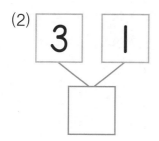

(5)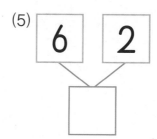

(3)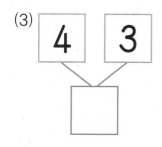

(6)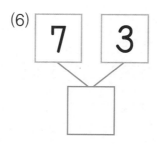

(7)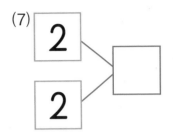

(10)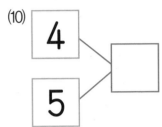

(8)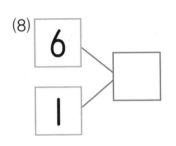

(11)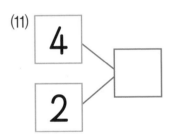

(9)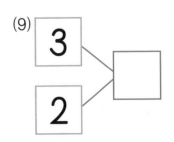

(12)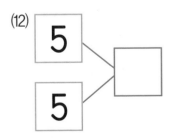

MA04 수 모으기 (2)

● 두 수를 모으기 하세요.

(1)
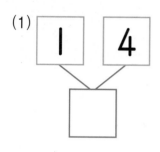

(4)
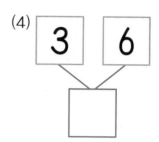

(2)
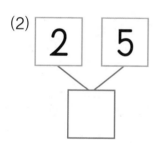

(5)
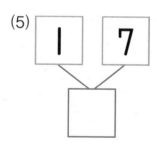

(3)
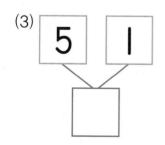

(6)
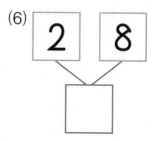

(7)
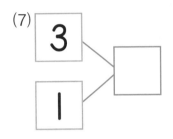

(10)
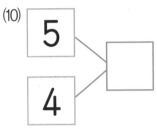

(8)
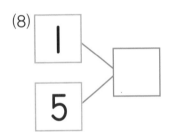

(11)
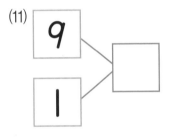

(9)
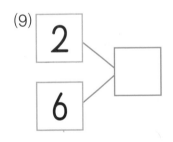

(12)
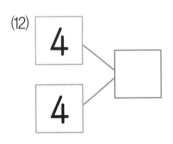

수 모으기 (2)

● 두 수를 모으기 하세요.

(1)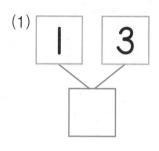

(4)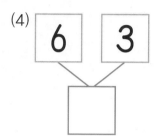

(2)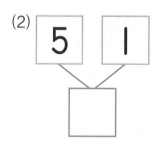

(5)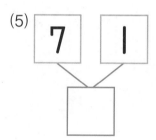

(3)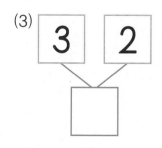

(6)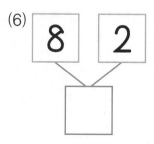

(7)
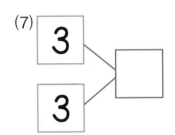

(10)
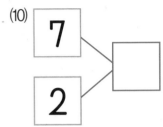

(8)
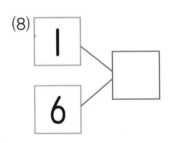

(11)
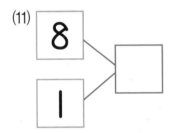

(9)
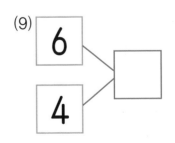

(12)
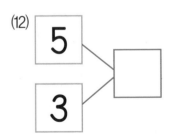

MA04 수 모으기 (2)

● ☐ 안에 알맞은 수를 쓰세요.

(1)

1	2
2	1
3	

(3)

1	2
2	☐
☐	

(2)

1	3
2	2
3	1
☐	

(4)

1	☐
☐	2
3	1
☐	

(5)

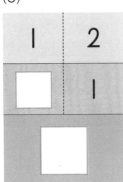

(7)

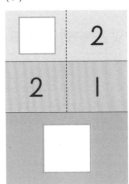

(6)

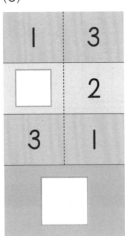

(8)

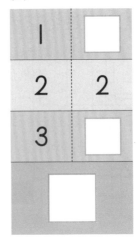

● ☐ 안에 알맞은 수를 쓰세요.

(1)

1	3
2	☐
3	1
☐	

(2)

1	4
2	3
3	2
4	1
☐	

(3)

1	5
2	4
3	3
4	2
5	1
☐	

36

(4)

1	
2	3
3	2
4	1

(5)

1	5
2	4
	3
4	2
5	1

(6)

1	6
2	5
3	4
4	3
5	2
6	1

MA04 수 모으기 (2)

● ☐ 안에 알맞은 수를 쓰세요.

(1)

1	5
2	4
3	3
4	☐
5	1
☐	

(2)

1	7
2	6
3	5
4	4
5	3
6	2
7	1
☐	

(3)

1	6
2	5
3	4
4	3
☐	2
6	1
☐	

(4)

1	6
2	5
3	4
4	☐
5	2
6	1
☐	

(5)

1	8
☐	7
3	6
4	5
5	4
6	3
7	2
8	1
☐	

(6)

1	9
2	8
3	☐
4	6
5	5
6	4
7	3
8	2
9	1
☐	

MA04 수 모으기 (2)

● ☐ 안에 알맞은 수를 쓰세요.

(1)

1	2	3	
3	2	1	4

(2)

1	☐	3	4	5	
5	4	3	2	1	☐

(3)

1	2	3	4	5	6	
6	5	4	☐	2	1	☐

(4)

1	2	3	4	5	6	7	8	
8	7	6	☐	4	3	2	1	☐

(5)

1	2	3	4	
	3	2	1	

(6)

1	2	3	4	5	6	
6	5	4	3		1	

(7)

1	2		4	5	6	7	
7	6	5	4	3	2	1	

(8)

1	2	3	4	5		7	8	9	
9	8	7	6	5	4	3	2	1	

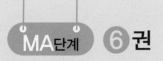

학교 연산 대비하자

연산 UP

● 빈칸에 알맞은 수를 쓰세요.

(1)
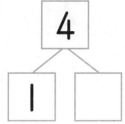

(4)
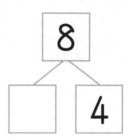

(2)
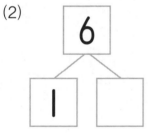

(5)
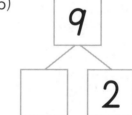

(3)
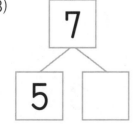

(6)
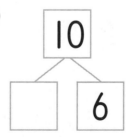

(7)

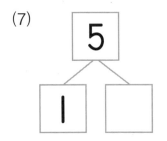

(10)

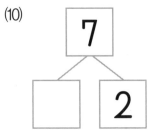

(8)

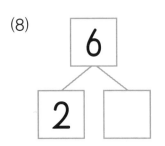

(11)

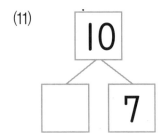

(9)

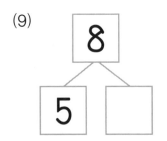

(12)

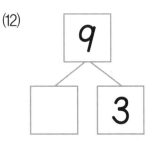

● 빈칸에 알맞은 수를 쓰세요.

(1)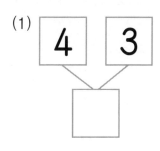

(4)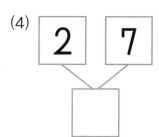

(2)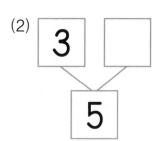

(5)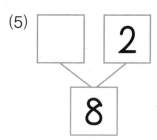

(3)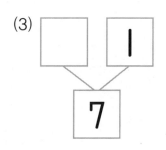

(6)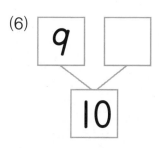

(7)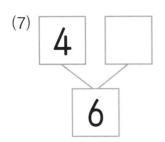

(10)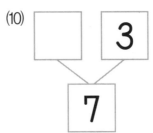

(8)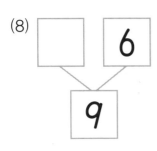

(11)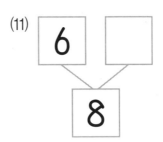

(9)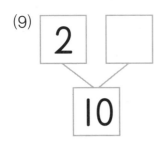

(12)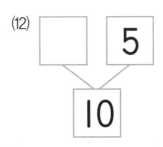

● 빈칸에 알맞은 수를 쓰세요.

(1)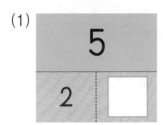

(2)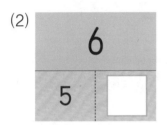

(3)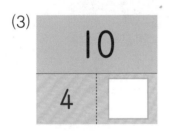

(4)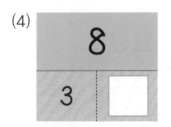

(5)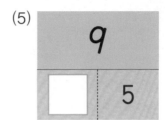

(6)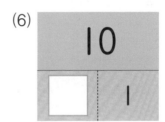

(7)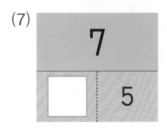

(8)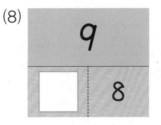

(9)
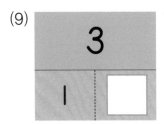

(10)
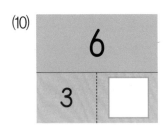

(11)
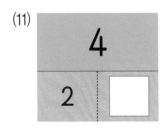

(12)
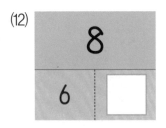

(13)
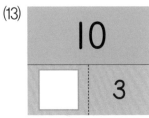

(14)
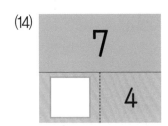

(15)
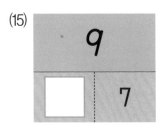

(16)
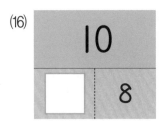

● 빈칸에 알맞은 수를 쓰세요.

(1)
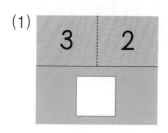

3 | 2

(5)
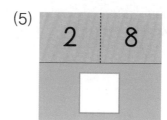

2 | 8

(2)
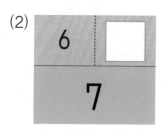

6 |

7

(6)
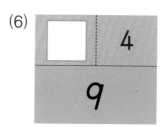

| 4

9

(3)
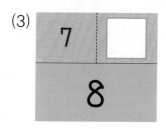

7 |

8

(7)
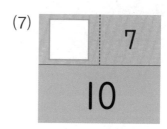

| 7

10

(4)
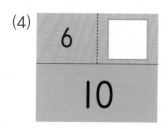

6 |

10

(8)
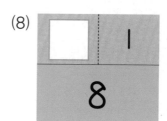

| 1

8

(9)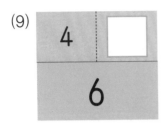

(13)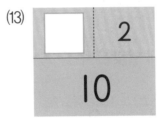

(10)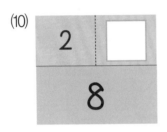

(14)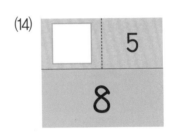

(11)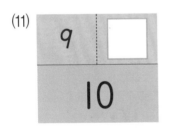

(15)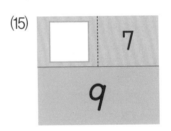

(12)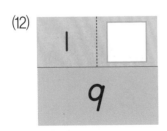

(16)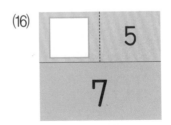

● ☐ 안에 알맞은 수를 쓰세요.

(1)

5	1	4	2	3
	☐	☐	☐	☐

(2)

6	2	1	3	5	4
	☐	☐	☐	☐	☐

(3)

7	5	4	6	3	1	2
	☐	☐	☐	☐	☐	☐

(4)

8	4	2	3	1	6	5	7
	☐	☐	☐	☐	☐	☐	☐

(5)

9	1	5	3	7	6	4	8

(6)

9							
	6	4	8	2	3	5	7

(7)

10	7	2	3	4	5	1	8

(8)

10							
	1	4	9	2	7	6	5

● ☐ 안에 알맞은 수를 쓰세요.

(1)

7	1	3	5	☐	☐	☐
	☐	☐	☐	4	6	2

(2)

8	2	7	5	☐	☐	☐	☐
	☐	☐	☐	4	1	6	3

(3)

9	5	2	3	☐	☐	☐	☐
	☐	☐	☐	1	4	7	6

(4)

10	9	8	6	☐	☐	☐	☐
	☐	☐	☐	7	4	1	5

(5)

7	2		1		5	
		4		3		1

(6)

8		7		4		1	
	3		2		5		6

(7)

9	1		3		7		8
		7		4		5	

(8)

10		2		5		6	
	4		1		3		9

● 빈칸에 알맞은 수를 쓰세요.

(1)

6	
1	
4	
3	
5	

(3)

9	
3	
5	
8	
2	

(2)

8	
2	
7	
4	
3	

(4)

10	
6	
8	
1	
7	

(5)

7	
3	☐
☐	6
4	☐
☐	5

(7)

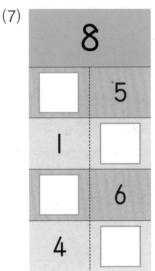

(6)

9	
4	☐
☐	7
6	☐
☐	1

(8)

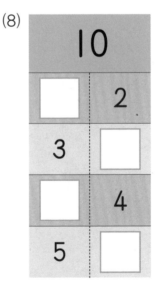

● 빈칸에 알맞은 수를 쓰세요.

(1)

2	
3	
5	
6	
7	

(3)

3	
8	
5	
1	
9	

(2)

7	
2	
4	
3	
8	

(4)

4	
3	
1	
8	
10	

(5)

5	□
□	4
6	□
□	3

7

(7)

□	6
2	□
□	4
8	□

9

(6)

2	□
□	5
7	□
□	4

8

(8)

□	1
4	□
□	2
7	□

10

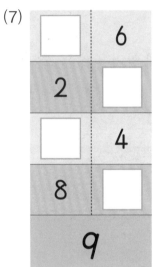

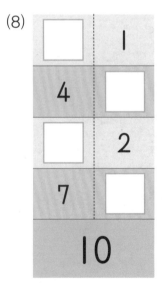

정 답

1	3	5	7
(1) 동그라미 1개	(1) 동그라미 4개	(1) 별 2개	(1) 네모 1개
(2) 동그라미 2개	(2) 동그라미 3개	(2) 별 3개	(2) 네모 2개
(3) 동그라미 1개	(3) 동그라미 2개	(3) 별 3개	(3) 네모 3개

2	4	6	8
(1) 동그라미 3개	(1) 컵 1개	(1) 세모 1개	(1) 동그라미 1개
(2) 동그라미 2개	(2) 컵 1개	(2) 세모 1개	(2) 동그라미 1개
(3) 동그라미 1개	(3) 컵 1개	(3) 세모 4개	(3) 동그라미 4개

9	11	13	14	15	16
(1) 동그라미 1개, 1	(1) 동그라미 4개, 4	(1) 1	(1) 3	(1) 4	(1) 1
(2) 동그라미 2개, 2	(2) 동그라미 3개, 3	(2) 2	(2) 2	(2) 3	(2) 3
(3) 동그라미 1개, 1	(3) 동그라미 2개, 2	(3) 1	(3) 1	(3) 2	(3) 2

10	12
(1) 동그라미 3개, 3	(1) 동그라미 1개, 1
(2) 동그라미 2개, 2	(2) 동그라미 3개, 3
(3) 동그라미 1개, 1	(3) 동그라미 2개, 2

17	19	21	23
(1) 동그라미 5개	(1) 동그라미 6개	(1) 별 3개	(1) 네모 3개
(2) 동그라미 4개	(2) 동그라미 5개	(2) 별 2개	(2) 네모 2개
(3) 동그라미 4개	(3) 동그라미 4개	(3) 별 2개	(3) 네모 1개
18	**20**	**22**	**24**
(1) 동그라미 3개	(1) 동그라미 4개	(1) 세모 1개	(1) 동그라미 9개
(2) 동그라미 3개	(2) 동그라미 3개	(2) 세모 7개	(2) 동그라미 8개
(3) 동그라미 2개	(3) 동그라미 2개	(3) 세모 6개	(3) 동그라미 7개

25	27	29	30	31	32
(1) 동그라미 2개, 2	(1) 동그라미 1개, 1	(1) 5	(1) 3	(1) 3	(1) 2
(2) 동그라미 3개, 3	(2) 동그라미 2개, 2	(2) 4	(2) 3	(2) 6	(2) 8
(3) 동그라미 4개, 4	(3) 동그라미 3개, 3	(3) 4	(3) 5	(3) 2	(3) 5
26	**28**				
(1) 동그라미 3개, 3	(1) 동그라미 1개, 1				
(2) 동그라미 4개, 4	(2) 동그라미 2개, 2				
(3) 동그라미 6개, 6	(3) 동그라미 3개, 3				

33	34	35	36	37	38	39	40
(1) 1	(1) 4	(1) 5	(1) 6	(1) 7	(1) 4	(1) 3	(1) 8
(2) 2	(2) 1	(2) 1	(2) 1	(2) 1	(2) 8	(2) 5	(2) 2
(3) 1	(3) 3	(3) 4	(3) 5	(3) 6	(3) 1	(3) 4	(3) 7
(4) 3	(4) 2	(4) 2	(4) 2	(4) 2	(4) 7	(4) 9	(4) 3
(5) 1	(5) 3	(5) 3	(5) 4	(5) 5	(5) 2	(5) 1	(5) 6
(6) 2	(6) 4	(6) 5	(6) 3	(6) 3	(6) 6	(6) 5	(6) 4

1	3	5	7
(1) 동그라미 1개, 1	(1) 동그라미 2개, 2	(1) 동그라미 1개, 1	(1) 동그라미 3개, 3
(2) 동그라미 1개, 1	(2) 동그라미 1개, 1	(2) 동그라미 2개, 2	(2) 동그라미 2개, 2
(3) 동그라미 2개, 2	(3) 동그라미 3개, 3	(3) 동그라미 1개, 1	(3) 동그라미 1개, 1

2	4	6	8
(1) 네모 1개, 1	(1) 네모 2개, 2	(1) 네모 3개, 3	(1) 네모 2개, 2
(2) 네모 2개, 2	(2) 네모 3개, 3	(2) 네모 4개, 4	(2) 네모 4개, 4
(3) 네모 2개, 2	(3) 네모 4개, 4	(3) 네모 5개, 5	(3) 네모 5개, 5

9	11	13	15
(1) 동그라미 1개, 1 **(2)** 동그라미 1개, 1 **(3)** 동그라미 3개, 3	**(1)** 동그라미 4개, 4 **(2)** 동그라미 2개, 2 **(3)** 동그라미 4개, 4	**(1)** 동그라미 4개, 4 **(2)** 동그라미 3개, 3 **(3)** 동그라미 5개, 5	**(1)** 동그라미 3개, 3 **(2)** 동그라미 8개, 8 **(3)** 동그라미 5개, 5

10	12	14	16
(1) 네모 1개, 1 **(2)** 네모 3개, 3 **(3)** 네모 4개, 4	**(1)** 네모 4개, 4 **(2)** 네모 6개, 6 **(3)** 네모 3개, 3	**(1)** 네모 1개, 1 **(2)** 네모 5개, 5 **(3)** 네모 7개, 7	**(1)** 네모 4개, 4 **(2)** 네모 2개, 2 **(3)** 네모 7개, 7

17	19	21	23
(1) 1	**(1)** 2	**(1)** 3	**(1)** 6
(2) 1	**(2)** 1	**(2)** 4	**(2)** 6
(3) 2	**(3)** 2	**(3)** 5	**(3)** 6
(4) 2	**(4)** 1	**(4)** 1	**(4)** 4
(5) 3	**(5)** 1	**(5)** 4	**(5)** 1
(6) 1	**(6)** 1	**(6)** 2	**(6)** 3

18	20	22	24
(7) 4	**(7)** 2	**(7)** 3	**(7)** 6
(8) 2	**(8)** 5	**(8)** 3	**(8)** 5
(9) 5	**(9)** 2	**(9)** 2	**(9)** 8
(10) 3	**(10)** 3	**(10)** 3	**(10)** 3
(11) 1	**(11)** 4	**(11)** 7	**(11)** 4
(12) 3	**(12)** 1	**(12)** 4	**(12)** 8

25	27	29	31
(1) 1	(1) 4	(1) 8	(1) 2
(2) 1	(2) 6	(2) 6	(2) 2
(3) 2	(3) 5	(3) 4	(3) 2
(4) 2	(4) 1	(4) 7	(4) 4
(5) 3	(5) 1	(5) 3	(5) 2
(6) 1	(6) 2	(6) 1	(6) 1

26	28	30	32
(7) 4	(7) 7	(7) 6	(7) 5
(8) 2	(8) 6	(8) 8	(8) 6
(9) 5	(9) 4	(9) 5	(9) 9
(10) 3	(10) 3	(10) 5	(10) 2
(11) 1	(11) 3	(11) 2	(11) 3
(12) 3	(12) 2	(12) 4	(12) 7

33	35	37	39
(1) 1	(1) 3	(1) 6	(1) 3
(2) 3	(2) 4, 2	(2) 5, 8	(2) 4
(3) 2	(3) 4	(3) 2, 4	(3) 3
(4) 2			(4) 6, 8

34	36	38	40
(5) 2	(4) 2	(4) 2	(5) 4
(6) 2	(5) 3	(5) 3, 3	(6) 5
(7) 1	(6) 2, 3	(6) 4, 1	(7) 3, 1
(8) 3			(8) 8, 7

1	3	5	7
(1) 동그라미 2개	(1) 동그라미 5개	(1) 별 4개	(1) 네모 3개
(2) 동그라미 3개	(2) 동그라미 5개	(2) 별 3개	(2) 네모 5개
(3) 동그라미 3개	(3) 동그라미 5개	(3) 별 5개	(3) 네모 4개

2	4	6	8
(1) 동그라미 4개	(1) 동그라미 5개	(1) 동그라미 4개	(1) 세모 2개
(2) 동그라미 4개	(2) 동그라미 2개	(2) 동그라미 3개	(2) 세모 3개
(3) 동그라미 4개	(3) 동그라미 4개	(3) 동그라미 2개	(3) 세모 5개

9	11	13	14	15	16
(1) 동그라미 2개, 2	(1) 동그라미 5개, 5	(1) 2	(1) 3	(1) 5	(1) 3
(2) 동그라미 3개, 3	(2) 동그라미 5개, 5	(2) 3	(2) 4	(2) 4	(2) 4
(3) 동그라미 3개, 3	(3) 동그라미 5개, 5	(3) 5	(3) 5	(3) 3	(3) 5

10	12				
(1) 동그라미 4개, 4	(1) 동그라미 5개, 5				
(2) 동그라미 4개, 4	(2) 동그라미 4개, 4				
(3) 동그라미 4개, 4	(3) 동그라미 3개, 3				

17	19	21	23
(1) 동그라미 6개	(1) 동그라미 9개	(1) 동그라미 6개	(1) 별 9개
(2) 동그라미 6개	(2) 동그라미 9개	(2) 동그라미 7개	(2) 별 8개
(3) 동그라미 7개	(3) 동그라미 9개	(3) 동그라미 8개	(3) 별 7개

18	20	22	24
(1) 동그라미 7개	(1) 동그라미 10개	(1) 세모 7개	(1) 네모 6개
(2) 동그라미 8개	(2) 동그라미 10개	(2) 세모 6개	(2) 네모 8개
(3) 동그라미 8개	(3) 동그라미 10개	(3) 세모 10개	(3) 네모 9개

25	27	29	30	31	32
(1) 동그라미 6개, 6	(1) 동그라미 9개, 9	(1) 6	(1) 7	(1) 7	(1) 8
(2) 동그라미 6개, 6	(2) 동그라미 9개, 9	(2) 6	(2) 7	(2) 9	(2) 10
(3) 동그라미 7개, 7	(3) 동그라미 9개, 9	(3) 8	(3) 9	(3) 9	(3) 10

26	28
(1) 동그라미 7개, 7	(1) 동그라미 10개, 10
(2) 동그라미 8개, 8	(2) 동그라미 10개, 10
(3) 동그라미 8개, 8	(3) 동그라미 10개, 10

33	34	35	36	37	38	39	40
(1) 2	(1) 5	(1) 6	(1) 7	(1) 8	(1) 8	(1) 9	(1) 10
(2) 3	(2) 5	(2) 6	(2) 7	(2) 8	(2) 9	(2) 9	(2) 10
(3) 3	(3) 5	(3) 6	(3) 7	(3) 8	(3) 9	(3) 9	(3) 10
(4) 4	(4) 5	(4) 6	(4) 7	(4) 8	(4) 9	(4) 10	(4) 10
(5) 4	(5) 6	(5) 6	(5) 7	(5) 8	(5) 9	(5) 10	(5) 10
(6) 4	(6) 8	(6) 10	(6) 7	(6) 8	(6) 9	(6) 10	(6) 10

1	3	5	7
(1) 동그라미 2개, 2	(1) 동그라미 3개, 3	(1) 동그라미 6개, 6	(1) 동그라미 6개, 6
(2) 동그라미 3개, 3	(2) 동그라미 5개, 5	(2) 동그라미 5개, 5	(2) 동그라미 7개, 7
(3) 동그라미 4개, 4	(3) 동그라미 5개, 5	(3) 동그라미 6개, 6	(3) 동그라미 7개, 7

2	4	6	8
(1) 네모 3개, 3	(1) 네모 4개, 4	(1) 네모 6개, 6	(1) 네모 7개, 7
(2) 네모 4개, 4	(2) 네모 5개, 5	(2) 네모 6개, 6	(2) 네모 7개, 7
(3) 네모 4개, 4	(3) 네모 5개, 5	(3) 네모 7개, 7	(3) 네모 8개, 8

9	11	13	15
(1) 동그라미 3개, 3	(1) 동그라미 5개, 5	(1) 동그라미 7개, 7	(1) 동그라미 8개, 8
(2) 동그라미 4개, 4	(2) 동그라미 6개, 6	(2) 동그라미 8개, 8	(2) 동그라미 8개, 8
(3) 동그라미 5개, 5	(3) 동그라미 5개, 5	(3) 동그라미 7개, 7	(3) 동그라미 9개, 9

10	12	14	16
(1) 네모 7개, 7	(1) 네모 6개, 6	(1) 네모 9개, 9	(1) 네모 9개, 9
(2) 네모 6개, 6	(2) 네모 7개, 7	(2) 네모 9개, 9	(2) 네모 10개, 10
(3) 네모 7개, 7	(3) 네모 7개, 7	(3) 네모 8개, 8	(3) 네모 10개, 10

17	19	21	23
(1) 2	(1) 6	(1) 3	(1) 7
(2) 3	(2) 7	(2) 4	(2) 9
(3) 3	(3) 7	(3) 5	(3) 9
(4) 5	(4) 7	(4) 4	(4) 9
(5) 4	(5) 4	(5) 5	(5) 8
(6) 4	(6) 7	(6) 6	(6) 9

18	20	22	24
(7) 4	(7) 3	(7) 8	(7) 10
(8) 6	(8) 8	(8) 5	(8) 8
(9) 6	(9) 8	(9) 9	(9) 10
(10) 5	(10) 8	(10) 7	(10) 9
(11) 6	(11) 7	(11) 10	(11) 10
(12) 5	(12) 8	(12) 10	(12) 10

25	27	29	31
(1) 2	(1) 3	(1) 5	(1) 4
(2) 6	(2) 4	(2) 7	(2) 6
(3) 4	(3) 7	(3) 6	(3) 5
(4) 8	(4) 5	(4) 9	(4) 9
(5) 7	(5) 8	(5) 8	(5) 8
(6) 9	(6) 10	(6) 10	(6) 10
26	**28**	**30**	**32**
(7) 3	(7) 4	(7) 4	(7) 6
(8) 6	(8) 7	(8) 6	(8) 7
(9) 5	(9) 5	(9) 8	(9) 10
(10) 7	(10) 9	(10) 9	(10) 9
(11) 8	(11) 6	(11) 10	(11) 9
(12) 10	(12) 10	(12) 8	(12) 8

33	35	37	39
(1) 3	(1) 2, 4	(1) 2, 6	(1) 4
(2) 4	(2) 5	(2) 8	(2) 2, 6
(3) 1, 3	(3) 6	(3) 5, 7	(3) 3, 7
(4) 3, 2, 4			(4) 5, 9
34	**36**	**38**	**40**
(5) 2, 3	(4) 4, 5	(4) 3, 7	(5) 4, 5
(6) 2, 4	(5) 3, 6	(5) 2, 9	(6) 2, 7
(7) 1, 3	(6) 7	(6) 7, 10	(7) 3, 8
(8) 3, 1, 4			(8) 6, 10

1	2	3	4
(1) 3	(7) 4	(1) 7	(7) 2
(2) 5	(8) 4	(2) 2	(8) 3
(3) 2	(9) 3	(3) 6	(9) 8
(4) 4	(10) 5	(4) 9	(10) 4
(5) 7	(11) 3	(5) 6	(11) 2
(6) 4	(12) 6	(6) 1	(12) 5

5	6	7	8
(1) 3	(9) 2	(1) 5	(9) 2
(2) 1	(10) 3	(2) 1	(10) 6
(3) 6	(11) 2	(3) 1	(11) 1
(4) 5	(12) 2	(4) 4	(12) 8
(5) 4	(13) 7	(5) 10	(13) 8
(6) 9	(14) 3	(6) 5	(14) 3
(7) 2	(15) 2	(7) 3	(15) 2
(8) 1	(16) 2	(8) 7	(16) 2

9	10	11	12
(1) 4, 1, 3, 2	(5) 8, 4, 6, 2, 3, 5, 1	(1) 6, 4, 2, 3, 1, 5	(5) 5, 3, 6, 4, 2, 6
(2) 4, 5, 3, 1, 2	(6) 3, 5, 1, 7, 6, 4, 2	(2) 6, 1, 3, 4, 7, 2, 5	(6) 5, 1, 6, 4, 3, 7, 2
(3) 2, 3, 1, 4, 6, 5	(7) 3, 8, 7, 6, 5, 9, 2	(3) 4, 7, 6, 8, 5, 2, 3	(7) 8, 2, 6, 5, 2, 4, 1
(4) 4, 6, 5, 7, 2, 3, 1	(8) 9, 6, 1, 8, 3, 4, 5	(4) 1, 2, 4, 3, 6, 9, 5	(8) 6, 8, 9, 5, 7, 4, 1

13	14	15	16
(1) 5, 2, 3, 1	(5) 1, 2, 4, 3	(1) 5, 4, 2, 1	(5) 3, 4, 2, 1
(2) 6, 1, 4, 5	(6) 2, 8, 5, 3	(2) 1, 6, 4, 5	(6) 3, 4, 6, 1
(3) 6, 4, 1, 7	(7) 3, 2, 7, 4	(3) 6, 1, 4, 8	(7) 3, 5, 7, 1
(4) 4, 2, 9, 3	(8) 8, 6, 7, 5	(4) 6, 7, 9, 2	(8) 9, 8, 6, 3